Pocket Power

Andreas Preißner

Balanced Scorecard anwenden

Kennzahlengestützte Unternehmenssteuerung

4. Auflage

HANSER

Bibliografische Information der Deutschen Nationalbibliothek
Die Deutsche Nationalbibliothek verzeichnet diese Publikation in der Deutschen Nationalbibliografie; detaillierte bibliografische Daten sind im Internet über http://dnb.d-nb.de abrufbar.

http://www.hanser.de

Lektorat: Lisa Hoffmann-Bäuml
Herstellung: Thomas Gerhardy
Umschlaggestaltung: Parzhuber & Partner GmbH, München
Umschlagrealisation: Stephan Rönigk
Druck und Bindung: Kösel, Krugzell
Printed in Germany

ISBN 978-3-446-42570-5

Inhalt

Wegweiser

Dieses Buch wendet sich an Praktiker. Die folgenden drei Symbole führen Sie schnell zum Ziel:

Dieses Symbol markiert **Anwendungstipps:** Hier erfahren Sie, wie Sie bei der Umsetzung am besten vorgehen.

Hier geben wir Ihnen **Praxisbeispiele,** die zeigen, wie die Thematik von anderen konkret umgesetzt wird.

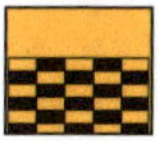

Wo Sie dieses Symbol sehen, weisen wir Sie auf **Hürden und Hindernisse** hin, die einer Umsetzung erfahrungsgemäß oft im Wege stehen.

1 Defizite bei der Umsetzung von Strategien in Unternehmen

Kaum ein Begriff wird im Zusammenhang mit der Unternehmensführung so oft gebraucht wie die **Strategie**. Es gibt Strategien, Strategie-Meetings, strategische Überlegungen, strategische Kunden usw. Nicht selten wurde schon von einer Epidemie des Strategiebegriffs gesprochen. Mitunter wird er auch einfach missbräuchlich verwendet, wenn man keine konkreten Pläne hat, aber irgendetwas verkünden muss.

Die Geburtsstunde der Strategie war irgendwann in den sechziger Jahren, als sich die Wirtschaft praktisch überall positiv entwickelte, Unternehmen optimistisch in die Zukunft blickten und vor allem anfingen, richtig langfristig zu planen. Die Aussicht auf eine langfristig positive Entwicklung der eigenen Märkte schien Raum zu lassen für ambitionierte Pläne, umfangreiche Investitionen und umfassende Konzeptionen. Strategien lassen Raum für Fantasien, und so entstand im Laufe der Zeit ein „Trend zur Strategie" im Management. Gleichzeitig entwickelte die Wissenschaft immer wieder neue Konzepte zur Strategieentwicklung und vor allem **Strategietypen**, die als eine Art Planungsvorlage von Unternehmen übernommen werden können.

Dabei hat jede Zeit ihre eigenen Strategietypen hervorgebracht, je nachdem, wie gerade die wirtschaftliche Entwicklung verlief. In den sechziger Jahren entwickelte z. B. Igor Ansoff, der als einer der Gründerväter des Strategiekonzepts gilt, das Schema der **Wachstumsstrategien**. Damit griff er das Hauptinteresse der Unternehmen in der damaligen Zeit auf.

Anfang der achtziger Jahre, als die Märkte schon mehr vom Verdrängungswettbewerb als vom Wachstum gekennzeichnet waren, stellte der amerikanische Strategieforscher Michael Porter seine **Wettbewerbsstrategie-Typen** vor. Für einzelne Funktionsbereiche wurden wiederum eigenständige Konzepte entwickelt, die sich an Marketingmaßnahmen, dem Technologieeinsatz und vor allem der Qualität orientieren.

Zwischendurch gab es auch immer wieder speziellere Strategiethemen und -moden, wobei heute auch nicht mehr jeder auf jedes Thema angesprochen werden möchte. Erinnern Sie sich noch an die Zeit, in der man von Global Marketing sprach und die Welt mit mehr oder weniger standardisierten Produkten erobern wollte? Eine Zeit lang war Diversifikation „in", Unternehmen kauften sich in fremde Branchen ein, von denen sie damals so wenig verstanden wie heute. Heute ist das Gegenteil angesagt, die Konzentration auf Kernkompetenzen. Aber wie lange noch? Zu den wenigen Strategien, die sich gehalten haben, gehört die Qualitätsstrategie. Das Qualitätsthema ist heute aus keinem Industriebetrieb mehr wegzudenken, auch bei Dienstleistern setzt es sich mehr und mehr durch.

Warum scheitern Strategien so oft?

Aber warum klappt es hier, während die Umsetzung von Strategien sonst oft scheitert? Natürlich ist Qualität inhaltlich etwas ganz anderes, aber es gibt noch mehr Gründe. Wissen Sie, wie man Qualität im Unternehmen umsetzt? Ja, schließlich gibt es Normen, Zertifizierungen, Checklisten. Aber wie setzt man die vielen anderen Strategien um? Gibt es vernünftige Handlungsanleitungen? Wissen Sie, wie man sie verankert? Hier sehen Sie das Problem: Strategien brauchen Umsetzung, brauchen Systematik.

Die Frage: „Was ist Ihre Strategie?", fehlt bis heute in keinem Interview mit einem Unternehmens-Chef. Leider musste man aber auch, gerade in den eher rezessiven Zeiten der achtziger Jahre, feststellen, dass zwar Strategieentwicklung betrieben wird, meist aber auf einem abstrakten Niveau und von eigenständigen Abteilungen. Und diese sind dem Alltagsgeschäft oft auch weit entrückt. Die überaus schwierige Frage, wie eine Strategie in konkrete Maßnahmen umzusetzen ist, wurde sträflich vernachlässigt. Die Folge liegt auf der Hand: Strategie und operative Maßnahmen führen weitgehend ein Eigenleben, die Mitarbeiter verstehen die Unternehmensstrategie nicht, verhalten sich nicht selten kontraproduktiv.

Sie können dies selbst oft genug feststellen, wenn Sie Kunde eines Unternehmens sind, das sich eigentlich als kundenorientiert und kundenfreundlich darstellt, dies von den Mitarbeitern aber nicht praktiziert wird. Meist liegt dies nicht an einem grundsätzlichen Unwillen oder an Unfähigkeit, sondern an fehlendem Bewusstsein und fehlenden Anreizen. Die Strategie wurde dann zwar formuliert, aber nicht operationalisiert.

Die Umsetzungsfrage wurde lange Zeit vernachlässigt, gerade auch, weil sie sehr viel Mühe bereitet und weil gegen Widerstände vorgegangen werden muss. Vorschriften müssen gemacht werden, es entsteht ein Begründungsdruck, warum was zu tun ist. Aufgaben müssen definiert und koordiniert werden, was angesichts komplexer Geschäfte und großer Unternehmen keine einfache Übung ist. Vor allem werden bei diesem Schritt Strategien aus ihrer immer auch vorhandenen Unverbindlichkeit entlassen. Operationale Pläne und erst recht die

Maßnahmen sind kontrollierbar, es lässt sich feststellen, ob Entscheidungen richtig oder falsch waren. Bei Strategien ist dies nur schwer möglich. Insofern mag es nicht verwundern, dass sich das Management von sich aus weniger um die operative Umsetzung kümmern möchte.

Erst in den neunziger Jahren setzte man sich mit dieser Problematik auseinander. Unter anderem erkannten die beiden US-Amerikaner Kaplan und Norton, dass es mit der Umsetzung der Strategien hapert und operationale Systeme hierfür benötigt werden. Die Problemsituation lässt sich wie in Bild 1 gezeigt beschreiben.

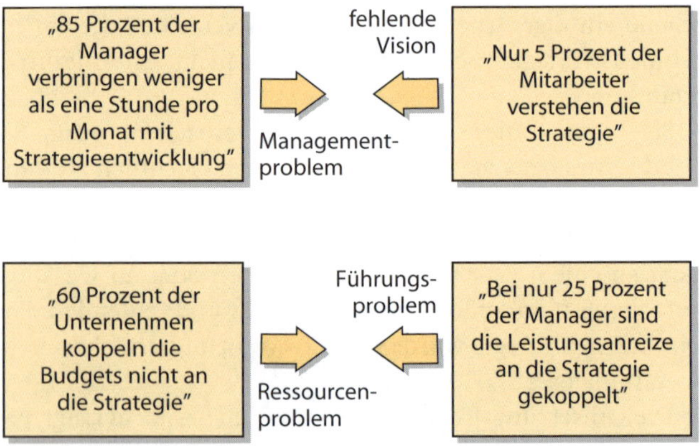

Bild 1: *Probleme der Umsetzung von Strategien in Unternehmen (nach BSCollaborative)*

Man kann also sagen, dass ein System gesucht wurde, das

- die Arbeit an und mit der Strategie zu einer regelmäßigen Managementaufgabe macht,
- die Budgetierung an die Strategie koppelt,

- die Strategie plausibel und transparent im Unternehmen vermittelt und
- das Anreizsystem an die erfolgreiche Verfolgung der Strategie bindet.

Die Philosophie und Methodik der Balanced Scorecard ist in der Lage, diese Forderungen zu erfüllen. Die Scorecard selbst ist dabei aber nur ein Hilfsmittel, das im dargestellten Sinne einzusetzen ist. Entscheidet man sich für den Einsatz dieses Konzepts, ist es auch eine Entscheidung für bestimmte Prinzipien und Regeln.

2 Das Prinzip der Balanced Scorecard

2.1 Vorab ein wenig Geschichte

Das Balanced-Scorecard-Konzept wurde von den US-Amerikanern Robert S. Kaplan und David P. Norton entwickelt. Harvard-Business-School-Professor der Erste und Unternehmensberater der Zweite, beschäftigten sie sich mit Steuerungskonzepten in Unternehmen und veröffentlichten erstmals 1992 in der Zeitschrift Harvard Business Review einen Artikel über den Aufbau einer Balanced Scorecard *(The Balanced Scorecard – Measures That Drive Performance)*. Dieser wurde stark beachtet und brachte dem Konzept eine hohe Bekanntheit und zahlreiche intensive fachliche Diskussionen, nicht nur in den USA.

Norton gründete im selben Jahr die Unternehmensberatung *Renaissance Solutions Inc.*, die sich auf die Umsetzung der Balanced Scorecard in Unternehmen spezialisierte. Nach und nach veröffentlichten die Begründer Erfahrungsberichte aus den von ihnen beratenen Unternehmen, die ein sehr divergentes Spektrum der Branchen abdeckten. Zu den ersten Anwendern des Konzepts gehörten z.B. *Mobil Oil*, *Store 24*, die *City of Charlotte* und *Hilton Hotels*. Im Laufe der neunziger Jahre soll die Balanced Scorecard in die Mehrzahl der größten Unternehmen der USA Einzug gehalten haben, für Europa gibt es Schätzungen, die heute von etwa knapp der Hälfte der Unternehmen ausgehen.

Eine Zusammenfassung dieser Erfahrungen und eine umfangreiche Beschreibung des Konzepts erfolgten 1996 mit dem Buch *Balanced Scorecard – Translating Strategy into Action* von Kaplan und Norton. Sie diskutieren darin die vier Perspektiven Finanzen, Kunden, interne Prozesse sowie Lernen und Entwicklung und zeigen, wie Strategien durch Kennzahlen operationalisiert werden. Das Buch erschien 1997 in deutscher Übersetzung.

Das Konzept wurde seit den ersten Veröffentlichungen sowohl in der Wissenschaft als auch in der Praxis sowie bei Dienstleistern mit Interesse, teils auch Begeisterung, aufgenommen. Dabei mag das einfache und gerade dadurch schlüssige Grundprinzip eine wesentliche Rolle gespielt haben, aber auch die seltene Verbindung von theoretischem Gerüst und praktischer Umsetzbarkeit. Gelegentlich wurde diskutiert, ob es sich bei der Balanced Scorecard nur um eine neue Management-Mode handele, die nach wenigen Jahren, nicht zuletzt wegen mangelnder Erfolge bei der Umsetzung, wieder aus dem Blickfeld verschwinde. Nach nunmehr rund zehn Jahren recht erfolgreicher Existenz sind solche Befürchtungen sicher zu verneinen.

Während in wissenschaftlicher Hinsicht vor allem die Analyse von Erfolgsfaktoren und die Vermittlungsprozesse von Strategien durch die Balanced Scorecard angeregt wurden, interessieren sich Unternehmen auch und verstärkt für die Verbindung zu Anreizsystemen und die Verbesserung des Steuerungssystems gerade in unübersichtlicher werdenden Unternehmensstrukturen. Schließlich erkannten Unternehmensberatungen und Softwareanbieter ein neues Geschäftsfeld. So bieten heute praktisch alle größeren Beratungsunternehmen Balanced-Scorecard-Projekte an und haben Softwareanbieter entsprechende Programme im Sortiment.

Ist Software-Einsatz notwendig?

Mit dieser Entwicklung ist oft die Ansicht verbunden, dass die Einführung einer Balanced Scorecard auch die Installation aufwändiger und nicht ganz billiger Software nach sich zieht. Dies ist nicht zwangsläufig der Fall, zumal die Datenerhebung und Auswertung in gewissen Grenzen auch von Hand erfolgen können. Auf jeden Fall sollte hierin keine Hemmschwelle bei der Einführung gesehen werden. Vor allem in der Anfangsphase kann eine starke Orientierung an der EDV-Seite zum „Vergessen" der wesentlich wichtigeren Managementaspekte führen. Nicht zuletzt kann es auch völlig ausreichen, vorhandene Kalkulationsprogramme entsprechend umzustricken.

Inzwischen gründeten Kaplan und Norton die *Balanced Scorecard Collaborative Inc.*, um Unternehmen bei der Einführung zu beraten. Unter anderem wird auch die Zertifizierung von Balanced-Scorecard-Software angeboten, die sicherstellt, dass eine Reihe von Grundprinzipien der Erfinder berücksichtigt wird. Darüber hinaus werden unter der Internetadresse www.bscol.com auch Publikationen, die Teilnahme an Internetkonferenzen und einige Präsentationen zum Download angeboten.

Im Jahr 2001 erschien dann das zweite Balanced-Scorecard-Buch von Kaplan und Norton: *The Strategy-Focused Organization.* Es basiert auf den Erfahrungen bei der Umsetzung in der Organisation, etwa den Auswirkungen auf Budgetierung, Entlohnung, die Initiierung von Feedback-Prozessen usw. Nachdem sich das erste Buch schwerpunktmäßig mit der Ableitung von Kennzahlen aus der Unternehmensstrategie befasste, steht nunmehr die Entwicklung von Strategien und strategiegerechter Organisationen auf der Basis der Steuerungsgrößen im Mittelpunkt.

2.2 Was heißt „Balanced"?

Wenn Sie sich einmal Gedanken darüber machen, wann Sie so richtig zufrieden und erfolgreich sind, dann fällt Ihnen sicher mehr als nur ein Kriterium ein. Vielleicht denken Sie an die Gesundheit, an soziale Kontakte zu Freunden, ein glückliches Familienleben, berufliche Anerkennung, Spaß und nicht zuletzt auch an das nötige Geld. Nur einer dieser Faktoren wird Sie sicherlich auf Dauer nicht alleine glücklich machen. Für eine gewisse Zeit mag dies ausreichend seien, aber langfristig stellt man dann Defizite fest. So kann man sicher beruflich noch erfolgreicher werden, wenn man noch mehr Zeit investiert, aber dies geht dann zu Lasten der Familie oder auch der Gesundheit. Wer einen dauerhaften Erfolg sucht, wird sich also nicht nur um *ein* Ziel kümmern, sondern versuchen, möglichst *mehrere* gleichzeitig zu verfolgen. Wichtig ist dabei die Ausgewogenheit der Ziele.

Das Verfolgen mehrerer Ziele, der Wunsch nach Ausgewogenheit oder Ausgleich, scheint völlig natürlich zu sein. Wir erkennen es als ein normales Streben an, ausgeglichen zu sein. In der Tat finden wir diesen Mechanismus überall in der Natur und akzeptieren dies als normale Lebensgrundlage. Nun stellt sich die Frage, inwieweit dieses Prinzip auch für Unternehmen gilt. Können Unternehmen erfolgreich sein, wenn sie sich nur an einem Ziel orientieren? Ist es sinnvoll, das gesamte Unternehmen, seine Mitarbeiter und Prozesse beispielsweise an dem Ziel „Gewinnsteigerung" zu orientieren? Oder benötigen wir auch mehrere Dimensionen, um eine stabile und dauerhaft erfolgreiche Entwicklung steuern zu können?

Fragt man in Unternehmen nach den vorrangigen Zielen und Steuerungsgrößen, stößt man immer wieder auf die

Klassiker aus dem **Finanzbereich.** In erster Linie geht es um Gewinn, Umsatz oder Kapitalquoten. Wie diese Ziele zu erreichen sind, das wird meist nicht mehr als Betätigungsbereich der Unternehmensleitung angesehen. Vielmehr bleibt es den einzelnen Funktionsbereichen und Abteilungen überlassen, wie sie Beiträge zur Erreichung der Finanzziele leisten wollen. Dabei dürfte klar sein, dass es nicht immer zu einer eindeutigen Interpretation der Ziele für den eigenen Funktionsbereich kommt.

Viel schlimmer noch wird es, wenn die Finanzziele als Maßstab für Funktionsbereiche verwendet werden, die eigentlich wenig mit Finanzen zu tun haben. Sicher kann die Produktion beispielsweise einen Beitrag zur Gewinnsteigerung leisten. So können kurzfristig Kosten gesenkt werden, zur Freude der Unternehmensleitung, aber nicht selten zum Verdruss der Kunden, die mit einer schlechteren Qualität leben müssen. In der Folge gibt es vermehrte Reklamationen und Nachbesserungsaufwand. Die Kostenvorteile verwandeln sich dann in späteren Perioden in gigantische finanzielle Nachteile für dieses Unternehmen. Ein solcher klassischer Bumerang-Effekt hat etwa in der Automobilindustrie Unternehmen schon dauerhaft ins Schlingern gebracht.

Diese und ähnliche Beispiele lassen sich fast unbegrenzt finden:

Fehlsteuerung durch Finanzkennzahlen

- Mitunter werden Kunden akquiriert, die kurzfristig den Umsatz steigern, aber kein langfristiges Potenzial aufweisen, nur auf „Mitnahmen" aus sind, so dass dauerhafte Anstrengungen zur Kundengewinnung erforderlich sind.

- Mitarbeiter können durchaus für einen begrenzten Zeitraum zu Höchstleistungen motiviert werden; gibt es aber keine dauerhafte Förderung solcher Leistungen, schlägt dies in wachsende Unzufriedenheit um, was wiederum zu hoher Fluktuation und dem Abwandern unternehmensspezifischen Know-hows führt.

Auch wenn solche Beispiele deutlich auf ein Fehlverhalten hinweisen, ist den betreffenden Entscheidungsträgern nicht unbedingt ein Vorwurf zu machen. Im Prinzip haben sie sich an die Zielvorgaben der Unternehmensleitung gehalten. Nur hat man sich nicht über die Ebenen hinweg darauf verständigen können, was ein bestimmtes finanzwirtschaftliches Ziel für die Produktion, den Personalbereich, den Vertrieb usw. bedeutet.

Das Ziel des Vertriebs ist z. B. nicht der Unternehmensgewinn, sondern die optimale Beziehung zu profitablen Kunden. Schließlich sind es die Kunden, die mit ihren Umsätzen zum finanziellen Erfolg des Unternehmens beitragen. Der Vertrieb muss daher an den Kunden gemessen werden, die Produktion an der Qualität der Produkte, die Personalabteilung an der Zufriedenheit der Mitarbeiter usw. Zwischen diesen und den weiteren Bereichen eines Unternehmens gibt es ein kompliziertes, aber nicht undurchschaubares Netz von Abhängigkeiten, genau genommen von Kausalbeziehungen.

Es lässt sich immer wieder beobachten, dass Unternehmen besonders dann erfolgreich sind, wenn sie es verstehen, die einzelnen Bereiche entsprechend ihren Leistungspotenzialen zu führen. Erfolgreiche Unternehmen verstehen, warum sie Gewinn erzielen, und zwar nicht, weil sich aus der Rechnung Einnahmen – Ausgaben ein Überschuss ergibt. Sie sind dadurch erfolgreich, dass sie die Beiträge zum Gesamterfolg erkennen und zu fördern wissen. Sie erkennen, dass ein Gesamterfolg immer auf mehreren Beinen steht. Sie erkennen auch, dass eine einseitige Ausrichtung meist nur kurzfristige Erfolge bringt, langfristig aber das Gegenteil bewirkt. Sie wissen, wann und wo ihr Unternehmen sich im Gleichgewicht befindet, es ihm sozusagen gut geht, und wann es ungesund ist.

Genau an diesem Prinzip setzt die **Balanced Scorecard** an. Sie hilft bei der Übersetzung der zentralen Unternehmensziele, die in aller Regel finanzwirtschaftlich geprägt sind, in die einzelnen Standbeine oder Erfolgsfaktoren. Damit hat sie **zwei grundlegende Richtungen**:

- Zum einen wirkt sie **vertikal**, das heißt sie vermittelt zwischen Unternehmensleitung und den anderen Hierarchieebenen,
- zum anderen wirkt sie **horizontal**, das heißt sie übersetzt die Finanzziele in die „Sprache" der Funktionsbereiche.

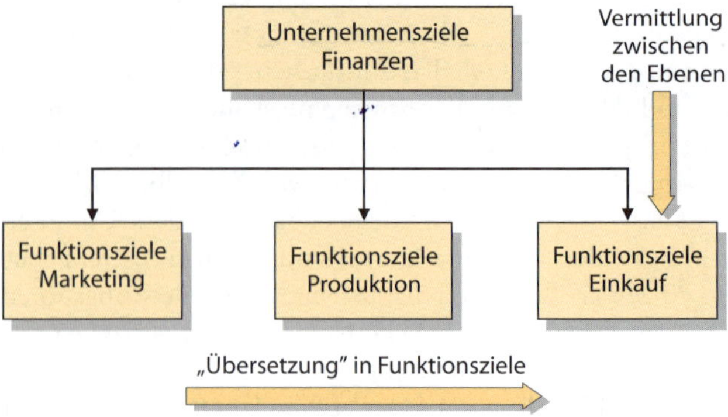

Bild 2: *Vertikale und horizontale Wirkung der Balanced Scorecard*

2.3 Was ist eine Scorecard?

„Balanced“ oder „ausbalanciert“ ist nur ein Element des Konzepts. Es geht letztlich um die Gestaltung einer *Scorecard*, was ins Deutsche meist als *Berichtsbogen* übersetzt wird. Dabei geht es um die Steuerungsgrößen des Unternehmens, dies sind die Kennzahlen und/oder Ziele. Eine Scorecard enthält eine Reihe von Kennzahlen, die nach dem Prinzip der Ausgewogenheit (eben „balanced“) ausgewählt wurden.

Es gibt aber durchaus Gründe, nicht gar so deutlich von *Kennzahlen* zu sprechen. Kennzahlen sind nämlich durch langjährige Praxis als Kontrollinstrument im Bewusstsein der Entscheidungsträger verankert. Hier haben sie aber eine weiter gehende Funktion, nämlich auch die der zukunftsgerichteten Planungsgröße. Deswegen werden wir hier auch von Ziel- oder Steuerungsgrößen sprechen, einfach, um die umfassendere Bedeutung der Kennzahlen zu verdeutlichen.

Im Unterschied zu den Kennzahlen und Kennzahlensystemen, die sich nicht selten recht unkontrolliert im Unternehmen tummeln, soll eine Scorecard ein **Arbeitsinstrument** sein, effektiv und übersichtlich. Sie soll operative wie strategische Entscheidungen unterstützen und über das jeweils aktuelle Maß der Zielerreichung informieren. Dabei soll sie vor allem eine Beschränkung auf die Informationen unterstützen, die wirklich benötigt werden. Sie ist damit auch ein **Instrument zur Konzentration auf die wesentlichen Steuerungsgrößen**, zur Beseitigung des Information Overflow.

Die Darstellung der Balanced Scorecard

Zu der einfachen Einsetzbarkeit gehört auch eine entsprechende Darstellungsweise. Das „card" in Scorecard deutet schon darauf hin, dass es nicht um die meterweise Ausgabe von Zahlenfriedhöfen auf Endlospapier geht, sondern um eine übersichtliche Darstellung, idealerweise auf einer Seite, einer Karteikarte oder einem Display. Die Informationen der Scorecard sollen schnell und einfach verfügbar sein, um ebenso umgesetzt werden zu können. Zudem wird auf eine umfassende Verständlichkeit Wert gelegt. Dies soll verhindern, dass die Informationen aus dem Blickfeld geraten, weil sie gerade nicht verfügbar sind, oder als Herrschaftswissen betrachtet und damit anderen gezielt vorenthalten werden.

Balanced Scorecard für …	IV/2011
Finanzen…	
Kunden…	
Prozesse…	
Lernen…	

Ein weiteres Merkmal ist die **Individualität** der Scorecard. Während man sich früher gerne Gedanken über möglichst weit anwendbare Kennzahlensysteme machte, steht nun die Anpassung an individuelle Gegebenheiten im Vordergrund.

Zusammengefasst:

Balanced Scorecards sind

- operative Arbeitsinstrumente,
- konzentriert auf die wesentlichen Informationen,

- logisch aufgebaut und
- individuell erstellt.

2.4 Das Prinzip der Kausalität

Kennzahlen sind überwiegend darauf ausgerichtet, alleine zu stehen. Sie orientieren sich an unternehmerischen Zielen und messen deren Einhaltung. Klassische Kennzahlensysteme müssen sich zudem der Kritik aussetzen, dass die Verbindung zwischen den Handlungen im Unternehmen und finanziellen Erfolgsgrößen zu wenig dargestellt wird und der Zukunftsbezug fehlt.

Kaplan und Norton griffen die zu einseitige finanzwirtschaftliche Ausrichtung von Kennzahlen und die zu starke Vergangenheitsorientierung als Kritikpunkte auf und entwickelten ein vernetztes System von Kennzahlen, das sich in seiner Grundform **vier Perspektiven** (Sichtweisen, Dimensionen) widmet:

- der finanzwirtschaftlichen Perspektive,
- der Kundenperspektive,
- der internen Prozessperspektive und
- der Lern- und Entwicklungsperspektive.

Diese vier Perspektiven stehen in einer kausalen Beziehung zueinander und decken (im Normalfall) einen erheblichen Teil der erfolgsrelevanten Bereiche des Unternehmens ab. Maßgebend ist die Unternehmensstrategie, aus der sich die finanziellen Ergebnisse ableiten lassen. Um diese zu erreichen, sind bestimmte Leistungen bei den Kunden erforderlich, die wiederum geeignete interne Prozesse voraussetzen. Schließlich stellen Lernprozesse die Grundlage für eine erfolgreiche Prozessgestaltung dar. Bild 3 gibt einen Überblick.

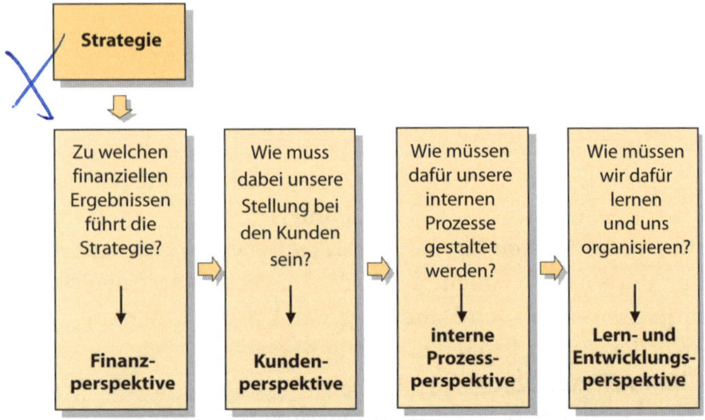

Bild 3: *Kausalbeziehungen zwischen den vier Perspektiven der Balanced Scorecard*

Diese vier Perspektiven sind aber in der Praxis nicht gar so streng miteinander verbunden, wie es Bild 3 zeigt. Vielmehr haben hervorragende interne Prozesse auch direkte Auswirkungen auf das finanzielle Ergebnis des Unternehmens, wie etwa auch eine effiziente Informationsnutzung durch die Mitarbeiter sich unmittelbar auf die Kundenzufriedenheit auswirkt. Es gibt also vielfältige Zusammenhänge zwischen den Perspektiven, wenn auch die o. g. dominant sind. Unter Berücksichtigung dieser vielfältigen Verknüpfungen kommt man zu der allgemein üblichen Darstellung des Scorecard-Modells (Bild 4).

Was die einzelnen Perspektiven angeht, muss noch darauf hingewiesen werden, dass die hier erwähnten von Kaplan und Norton sozusagen als **Standardperspektiven** vorgeschlagen werden, mit denen es sich auf Unternehmensebene

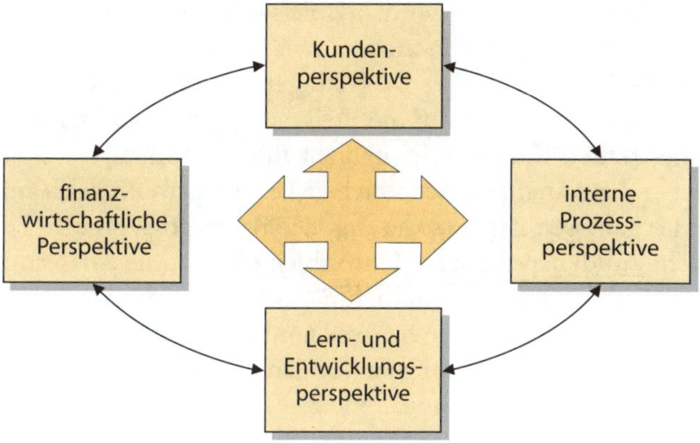

Bild 4: *Vernetztes Balanced-Scorecard-Modell*

meist sehr gut arbeiten lässt. Es gibt jedoch keine Vorschrift oder allgemeine Erkenntnis, dass es nun genau diese sein müssen. Vielmehr muss man in jeder individuellen Situation entscheiden, welche Perspektiven am besten geeignet sind. Wir werden uns damit noch genauer beschäftigen.

Die **finanzwirtschaftliche Perspektive** repräsentiert die ertragsorientierten Ziele des Unternehmens. Jede unternehmerische Handlung ist letztlich darauf ausgerichtet, die Rentabilität zu steigern. Die Anteilseigner und Fremdkapitalgeber erwarten eine festgelegte oder maximale Verzinsung ihres Geldes. Insofern verbirgt sich hier die zentrale Zielsetzung des Unternehmens. Die finanziellen Ziele alleine sind jedoch für die Unternehmensführung nicht hilfreich, weil sie die Ursachen für die Erfüllung oder Nicht-Erfüllung außer Acht lassen. So wird dem Management nicht kommuniziert, über welche Stufen ein Ertragsziel zu erreichen ist. Diese Verbindung herzustellen ist Aufgabe der weiteren Perspektiven.

Finanzieller Erfolg wird beispielsweise durch eine hohe Kundenzufriedenheit erreicht. Zufriedene Kunden sind langfristige Kunden, so dass Marketingaufwand gespart werden kann und der Druck auf die Preise abnimmt. Die Erzielung einer hohen Kundenzufriedenheit führt automatisch zu einer hohen finanzwirtschaftlichen Leistung, wenn auch mit einer gewissen Zeitverzögerung. Die Balanced Scorecard bezieht **kundenspezifische Kennzahlen** ein, weil sie ein wichtiger Baustein für die Unternehmensleistung sind. Sie eignen sich als Kontrollinstrument, weil konkretes Handeln Auswirkungen auf die Beziehung zu Kunden hat.

Erfolg bei Kunden und finanzieller Erfolg werden durch eine entsprechende Leistungsfähigkeit der unternehmensinternen Prozesse erreicht. Im Rahmen der **internen Prozessperspektive** werden Ziele formuliert, die sich auf die erfolgsträchtigsten Prozesse beziehen. Dazu ist zu analysieren, wie die finanziellen und kundenbezogenen Ziele erreicht werden können. Neben bestehenden Prozessen (Produktionsverfahren, Vertriebsmethoden, Führungssysteme, Serviceleistungen usw.) sollen auch innovative Prozesse einbezogen werden, die erst in nächster Zukunft eingesetzt werden. Damit soll verhindert werden, dass durch das Kennzahlensystem der Status quo erhalten bleibt.

Schließlich muss zur Erreichung der Ziele eine geeignete Infrastruktur zur Verfügung stehen. Dazu gehören Faktoren wie Weiterbildung und Informationssysteme. Mit der **Lern- und Entwicklungsperspektive** soll die Lücke zwischen den Leistungszielen und den Menschen geschlossen werden, die sie erreichen sollen. Sie beinhaltet personalwirtschaftliche Zielsetzungen wie etwa die Mitarbeiterzufriedenheit und analysiert die Qualität der Informationsversorgung, z.B. über die Kunden.

Wichtige Voraussetzung für die Konstruktion und Anwendung einer Balanced Scorecard ist das Verständnis für **Ursache-Wirkungs-Zusammenhänge.**

Kausalzusammenhänge mit der Lieferbereitschaft

Hat man festgestellt, dass die Kundentreue ein Faktor zur Steigerung von Umsatz und Kapitalrendite ist, ist zu fragen, wovon die Kundentreue abhängt. Dies kann die zuverlässige Lieferung der Waren sein. Eine pünktliche Auslieferung wird in den internen Prozessen durch den Lieferbereitschaftsgrad gemessen. Um ihn zu optimieren, müssen Auftragsdaten ausgewertet werden, die Aufschluss über tägliche und monatliche Schwankungen sowie die Nachfrage nach einzelnen Artikeln geben. Je besser also Auftragsstatistiken geführt und ausgewertet werden, desto besser sind die Lagerbestände zu planen. Der Lieferbereitschaftsgrad kann jedoch auch dadurch gesteigert werden, dass die Bestände hochgefahren werden, was die Kosten ins Unermessliche treiben kann. Daher wird als Kontrollgröße der Lagerkostenanteil mitgemessen. Lagerkosten wirken direkt auf die Rendite, der Lieferbereitschaftsgrad wirkt indirekt über die Kundentreue auf Umsatz und Rendite. Bild 5 zeigt diese Ursache-Wirkungs-Zusammenhänge.

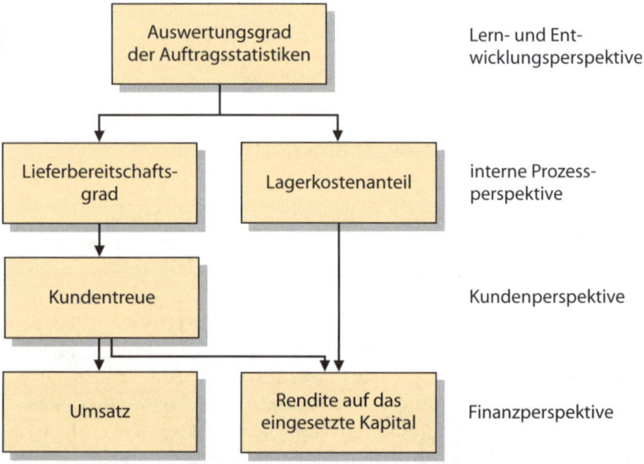

Bild 5: *Ursache-Wirkungs-Kette der Balanced Scorecard*

Die Logik des Geschäfts kennen lernen

Die Arbeit mit Ursache-Wirkungs-Zusammenhängen, die hier für den Test von Scorecards eingesetzt wird, hat noch den nicht ganz unwichtigen Effekt, dass die Beteiligten sich intensiver mit dem eigenen Geschäft auseinander setzen und dieses dabei besser kennen lernen. Auch nicht ganz offensichtliche Zusammenhänge werden dabei klar.

a) Die finanzwirtschaftliche Perspektive

Die finanzwirtschaftlichen Ziele konzentrieren sich auf die Rentabilität und davon abgeleitete Kennzahlen. Dabei können Differenzierungen für unterschiedliche Entwicklungsstadien der Geschäftseinheiten vorgenommen werden.

Zielkriterien ändern sich mit der Zeit

Beispielsweise verfolgt zwar auch ein neues Geschäft letztlich das Ziel einer hohen Kapitalverzinsung, doch ist eine solche Zielvorgabe in diesem frühen Stadium wenig sinnvoll. Für das Unternehmen ist es sinnvoller, sich zunächst auf das Umsatzwachstum zu konzentrieren und Innovationskennzahlen anzuwenden. Gelingt es, das Geschäft zu einer gewissen Größe zu bringen, so lässt sich dann später eine höhere Rendite erzielen, als wenn von Anfang an die Kostensenkung im Vordergrund gestanden hätte. Werden die Zielinhalte starr vorgegeben, kommt es nach einigen Jahren zu einer Fehlsteuerung. Hier muss also analysiert werden, welche strategischen Änderungen längerfristig vorgesehen sind.

Rentabilitätskennzahlen, Kostenanteile u.ä. Zielgrößen eignen sich besser, wenn die Geschäftseinheit voll entwickelt und auch mit keinen wesentlichen Wettbewerbsveränderungen zu rechnen ist. Dann kann das Augenmerk auf eine möglichst hohe Abschöpfung finanzieller Mittel gelegt werden. Einzelne Tätigkeiten sind dann auch nicht mehr als Hoffnungsträger anzusehen, sondern können und müssen unter wirtschaftlichen Aspekten gesteuert, das heißt ggf. auch eliminiert werden.

Zielwandel bei einem Motorenhersteller

Das Unternehmen hat mit dem Einstieg in das Segment der Präzisionsantriebe eine strategische Anpassung des Zielsystems eingeplant. Zunächst muss das finanzwirtschaftliche Zielsystem das Wachstum unterstützen (wichtig ist das Erreichen einer kritischen Größe, um die Maschinen zu amortisieren), in der Reifephase die Steigerung der Effizienz fördern und schließlich auf eine renditemaximale Nutzung des eingesetzten Kapitals hinwirken.

Die damit verbundenen Strategien beziehen sich in der Anfangsphase auf die Auswahl von Kunden, Märkten und anzubietenden Produkten und Leistungen, später auf Verbesserungen in der Produktion und bei den Beziehungen zu Kunden und Lieferanten, schließlich auf Rationalisierung. Daher steht in der Gründungsphase nicht die Rendite im Vordergrund, sondern das Umsatz- und Kundenwachstum (Neukundenanteil). In der Reifephase wird verstärkt nach Produktdeckungsbeiträgen und Kostenanteilen (z.B. Personal- und Vertriebskostenanteile) gesteuert, außerdem nach der Kapitalrendite. Stagniert der Markt und ist ein Auslaufen der Produktlinie zu erwarten, werden neben der Rendite und Deckungsbeiträgen auch Kostensenkungsziele eingeführt. Wachstumsbezogene Größen spielen dann keine Rolle mehr.

b) Die Kundenperspektive

Kaplan und Norton sehen es als unvermeidlich an, dass sich das Unternehmen auf bestimmte Kunden- und Marktsegmente konzentriert. Nicht alle Kunden können gleichermaßen zufrieden gestellt werden, so dass eine Auswahl derjenigen Kunden erforderlich ist, bei denen eine herausragende Position erzielt werden kann. Diese Position kann über eine Reihe von Kennzahlen gesteuert werden, die sich auf die Treue der Kunden, ihre Zufriedenheit, ihre Rentabilität u.Ä. beziehen. Dazu kommen die volumenbezogenen Ziele der Ausweitung des Kundenstamms sowie der Erzielung von Marktanteilen.

Die Erreichung der kundenbezogenen Ziele wird durch Marketingstrategien mit vielfältigen Auswirkungen auf andere Funktionsbereiche verfolgt. Sie orientieren sich an den konkreten Anforderungen der Kunden, der Gestaltung der

// Sortiment

Kundenbeziehung sowie weiteren Faktoren, die den Wert des eigenen Angebots aus Kundensicht steigern.

Beispielhaft können hier

- die Entwicklung kundenindividueller (Investitionsgüter) oder zielgruppenspezifischer (Konsumgüter) Produkte,
- die Abstimmung von Austauschprozessen (Lieferung, Zahlung) aufeinander,
- die Beschleunigung von Bearbeitungsprozessen,
- gemeinschaftliche Kommunikationsmaßnahmen oder
- die Einrichtung neuer Vertriebswege, mit denen Kunden besser angesprochen werden können,

angeführt werden.

Die Kundenperspektive eines privaten Theaters

Diese Art von Dienstleistungsunternehmen hat vor allem mit dem Problem zu kämpfen, dass es seine Kunden fast gar nicht kennt und Reklamationen sehr selten vorkommen. Dies hängt mit dem sehr subjektiven Charakter des Produkts und dem wechselnden Angebot zusammen. Kundentreue oder -deckungsbeiträge sind daher nicht zu ermitteln. Stattdessen kommen folgende Kennzahlen in Frage:

- Zahl der Abonnenten,
- Zahl der Gutschein-Käufe,
- durchschnittlicher Anreiseweg (durch Befragung zu ermitteln) und
- Länge des Schluss-Applauses.

Übrigens ist die Auslastung des Theaters keine Kennzahl der Kundenperspektive, weil dies keine Kundenreaktion auf die Leistung ist und sie durch eigene Leistung (Werbung, Preispolitik) beeinflusst werden kann. Daher gehört sie in die nächste Perspektive.

Kundenzufriedenheit eignet sich nicht immer als Kennzahl

Die meisten Scorecards enthalten in der Kundenperspektive eine Kundenzufriedenheitskennzahl. Dies ist nicht unbedingt verkehrt, aber in einigen Fällen ist sie nicht aussagekräftig, führt vielleicht sogar in die Irre. Das ist bei Monopolen oder monopolähnlichen Anbietern der Fall (von der Post über Bahn, städtische Einrichtungen bis zu Softwareanbietern). Oft wird die Leistung trotz geringer Zufriedenheit gekauft, weil es keine Alternativen gibt.

c) Die interne Prozessperspektive

Die internen Prozesse kann man sich anhand eines Wertkettenmodells veranschaulichen, das die folgenden Phasen beinhaltet:

- Identifikation des Kundenwunsches (Marktforschung, Zusammenarbeit mit Kunden),
- Innovation (Produktentwicklung),
- Betrieb (Produktion) und
- Kundendienst (Nachkaufbetreuung).

Diese Prozesse sind als Modell anzusehen, das für jedes Unternehmen individuell ausgestaltet werden muss. Für jeden der Prozesse lassen sich wiederum Kennzahlen finden, die die Steuerung ermöglichen. Für die Innovation kann beispielsweise die Höhe der Ausgaben für Forschung und Entwicklung oder die Zahl der Produktinnovationen wichtig sein. Ebenso spielt die Dauer der Entwicklungsprozesse eine Rolle. Bei der Steuerung des Betriebsprozesses kann eine Reihe produktionswirtschaftlicher Kennzahlen zum Einsatz kommen (Materialeinsatz pro Einheit, Standzeitenanteil der Maschinen usw.).

Für die Qualität der Kundenbeziehung sind beispielsweise Kriterien wie Ausfallraten, Qualitätseigenschaften oder die Lieferzuverlässigkeit bedeutsam. Die Rentabilität wird durch die Kosten der Produktion, die Auslastung der Produktionsanlagen, die Bearbeitungszeiten u.a. beeinflusst. Schließlich sind kundendienstbezogene Kennzahlen einzusetzen. In diesem Bereich spielt etwa die Reaktionsgeschwindigkeit auf eine Reklamation oder die Zuverlässigkeit von Reparaturen eine Rolle.

Interne Prozesskennzahlen müssen die Strategie widerspiegeln

Im ersten Kapitel wurde darauf Wert gelegt, dass die Scorecard die Umsetzung der Strategie unterstützt. Dies spielt in dieser Perspektive die entscheidende Rolle. Gerade anhand der Strategien der Kostenführerschaft und der Differenzierung lassen sich Unterschiede aufzeigen. Nehmen wir als aktuelles Beispiel Fluggesellschaften, die sich der Kostenorientierung und Differenzierung zuordnen lassen. Für Erstere sind Steuerungsgrößen wie Standzeiten am Flugsteig, Flug- vs. Standzeiten des Fluggeräts, Landegebühren pro Flug usw. von zentraler Bedeutung, während Letztere sich stärker um den Anteil der Vollzahler unter den Passagieren, den Anteil der Strecken ohne Wettbewerber oder die Qualität der Slots (Start- und Landerechte/-zeiten) kümmern. So sind sie in der Lage, ihre Position innerhalb der „Strategieklasse" zu festigen.

d) Die Lern- und Entwicklungsperspektive

Diese vierte Perspektive bezieht sich auf die unternehmensinternen Grundlagen zur Erreichung der genannten Zielsetzungen. Im Mittelpunkt steht die Rolle der Mitarbeiter. Die Mitarbeiter müssen ausreichende Wissens- und Fertigkeitspotenziale aufweisen, um die geforderten Ergebnisse erreichen zu können. Dies setzt eine gewisse Produktivität und Treue zum Arbeitgeber voraus. Diese Faktoren sind wiederum sehr stark von der Mitarbeiterzufriedenheit abhängig, die sich damit als zentrale Kennzahl dieser Perspektive herausstellt.

Sie kann durch das Unternehmen auf verschiedene Arten gefördert werden. Dazu gehören beispielsweise die Gestaltung eines zufriedenheitsfördernden Arbeitsumfelds, das Angebot von Weiterbildungsmaßnahmen und die Nutzung und Förderung der Kompetenzen der Mitarbeiter.

Weiterhin umfasst die Lern- und Entwicklungsperspektive die Gestaltung der betrieblichen Informationssysteme sowie die Motivation der Mitarbeiter.

Lern- und Entwicklungsperspektive in einem Hotel

Die Mitarbeiterseite kann in einem ausgesprochenen Dienstleistungsbetrieb wie einem Hotel durchaus als zentraler Erfolgsfaktor angesehen werden. Wichtig sind die Motivation der Mitarbeiter und die Kenntnis der Kunden und Kundenwünsche. Daher bieten sich z.B. die folgenden Kennzahlen an: Anteil der Kunden, die in der Kundendatenbank enthalten sind, Umfang des Informationssystems, Mitarbeiterzufriedenheit und durchschnittliche Beschäftigungsdauer.

Tab. 1 gibt einen zusammenfassenden Überblick über die Perspektiven. Die genannten Kennzahlen stellen dabei nur die Auswahl wichtiger, allgemein einsetzbarer Kennzahlen dar. Je nach Unternehmen und Branche eignen sich andere, spezifischer auf die Situation ausgerichtete. Hier muss das Controlling individuell prüfen, welche Kennzahlen eingesetzt werden und welche Kausalzusammenhänge jeweils bestehen.

Perspektive	Grundfrage	Ziele	Wichtige Kennzahlen
Finanzen	Wie sollen wir gegenüber Teilhabern auftreten, um finanziellen Erfolg zu haben?	Ertragswachstum/-mix	Umsatzwachstumsrate
			Neuproduktanteil
			Rentabilität
		Kostensenkung/ Produktivitätssteigerung	Mitarbeiterproduktivität
			Kostensenkungsrate
			Kostenanteile
		Nutzung von Vermögenswerten	Investitionsanteil
			Kapitalrentabilität
			Working Capital

Tab. 1: *Die Standard-Perspektiven der Balanced Scorecard*

Perspektive	Grundfrage	Ziele	Wichtige Kennzahlen
Kunde	Wie sollen wir gegenüber unseren Kunden auftreten, um unsere Vision zu verwirklichen?	Identifikation der Kunden- und Marktsegmente, in denen das Unternehmen tätig und wettbewerbsfähig sein will	Kundenzufriedenheit
			Kundenrentabilität
			Kundentreue
			Neukundenanteil
			Marktanteil
Interne Geschäftsprozesse	In welchen Geschäftsprozessen müssen wir die Besten sein, um unsere Teilhaber und Kunden zu befriedigen?	Ausrichtung der internen Prozesse auf die Ziele der Kunden und Anteilseigner; Steuerung mit Hilfe eines umfassenden Performance-Measurement-Systems	Prozesszeit
			Prozessqualität
			Prozesskosten
			Innovationszeit
			Innovationsqualität
			Innovationskosten
			Kundendienstqualität

Tab. 1: *Die Standard-Perspektiven der Balanced Scorecard (Forts.)*

Perspektive	Grundfrage	Ziele	Wichtige Kennzahlen
Lernen und Entwicklung	Wie können wir unsere Veränderungs- und Wachstumspotenziale fördern, um unsere Vision zu verwirklichen?	Schaffung der für die Erreichung der Ziele der anderen Perspektiven notwendigen Infrastruktur	Mitarbeiterzufriedenheit
			Mitarbeitertreue
			Mitarbeitermotivation
			Informationsnutzung

Tab. 1: *Die Standard-Perspektiven der Balanced Scorecard (Forts.)*

e) Weitere Perspektiven

Kaplan und Norton haben zwar vier Perspektiven vorgeschlagen, damit aber nicht ausgeschlossen, in der konkreten Umsetzung auch mehr oder weniger Perspektiven einzusetzen bzw. auch die Inhalte zu ändern. Wenn das dargestellte Konzept so auch schlüssig erscheint, sollte es nicht dogmatisch auf jede Art von Unternehmen übertragen werden. Vielmehr ist in jedem Einzelfall zu prüfen, welche Perspektiven wichtig sind. So können beispielsweise Kooperationspartner eine Rolle spielen, nicht selten auch die Lieferanten. Es ist problemlos möglich, hierfür jeweils eine eigene Perspektive zu entwickeln.

Um Missverständnisse darüber zu verhindern, was eine Balanced Scorecard eigentlich ist, seien hier klassische Interpretationsfehler und eine geeignetere Sichtweise gegenübergestellt (Tab. 2).

Klassische (Fehl-)Interpretation des Balanced-Scorecard-Ansatzes	„Richtige" Interpretation des Balanced-Scorecard-Ansatzes
Balanced Scorecard ist ein Kennzahlensystem.	Balanced Scorecard ist ein Führungssystem mit Kennzahlenunterstützung.
Die Entwicklung von Balanced Scorecards folgt einem Top-down-Ansatz.	Balanced Scorecard ist ein teamorientierter Ansatz, der Management und betroffene Mitarbeiter einbezieht.
Balanced Scorecard ist ein Kontrollsystem.	Balanced Scorecards sind zukunftsorientiert, das heißt Teil des Planungssystems. Sie helfen bei der Operationalisierung der Planung.
Eine Balanced Scorecard hat vier Standard-Perspektiven: Kunden, Finanzen, interne Geschäftsprozesse, Lernen und Entwicklung.	Eine Balanced Scorecard hat mehrere Perspektiven mit unterschiedlichem Inhalt und unterschiedlicher Zahl; entscheidend ist der Anwendungsbereich.
Eine Balanced Scorecard dient der Steuerung des gesamten Unternehmens.	Balanced Scorecards können auf mehreren Ebenen eingesetzt werden (Geschäftseinheiten, Fachbereiche, Abteilungen). Für das Gesamtunternehmen lässt sich ein System von Balanced Scorecards entwickeln.

Tab. 2 *Interpretationen des Balanced-Scorecard-Ansatzes*

So lassen sich folgende **Leitsätze** formulieren:

- Die Balanced Scorecard ist ein Führungsinstrument, das zwischen strategischer und operativer Ebene vermittelt.
- Sie stellt sicher, dass die relevanten Zielbereiche (vor allem Kunden und Finanzen) konsequent verfolgt werden.
- Sie ist flexibel anpassbar auf unterschiedliche Unternehmen und Situationen.
- Der Erfolg bei der Umsetzung der Balanced Scorecard hängt nicht von der Einhaltung von Formalien ab, sondern von der Vermittlung bei den Mitarbeitern.

2.5 Wie Frau Schreiber zu ihrer ersten Scorecard kam

Klaus Wagner betreibt seit rund 20 Jahren eine Möbelspedition. Er hat 30 Mitarbeiter, darunter sechs Leute in der Verwaltung, die anderen auf den LKW. Im Büro arbeiten eine Disponentin, eine Buchhalterin, ein Personalleiter, eine Sekretärin sowie zwei „Mädchen für alles". Alles in allem funktioniert die Firma, es gibt keine wesentlichen Probleme. Aber es gibt die vielen kleinen Dinge, die Schwierigkeiten machen. Wagner möchte nicht mehr Personal für die Verwaltung einstellen, weil die Geschäftsaussichten nicht allzu rosig sind. „Der Laden soll von alleine laufen, auch wenn ich mal nicht da bin", ist seine Devise. Dazu kommt, dass er nicht ewig der aktive Chef sein will. Er will sich lieber zurückziehen, vielleicht auch ganz verkaufen. Das geht aber nur, wenn das Unternehmen kerngesund ist und Gewinn erzielt.

Wagner liest einen Artikel über Balanced Scorecards und überlegt sich, ob das nicht das Richtige für ihn wäre. Er verspricht sich davon, mehr Eigensteuerung zu installieren und vor allem den „Jungs auf dem Bock“ mehr Disziplin beizubringen. Auf einer Veranstaltung des regionalen Gewerbevereins lernt er Frau Schreiber kennen, die einen Großhandel für Büromaterial betreibt. Sie beliefert in der Region Gewerbetreibende und hat sich gut gegen die bundesweiten Großbetriebe durchgesetzt. Dabei hilft ihr, dass sie viele individuelle Leistungen erbringt und nicht nur mit Katalogen arbeitet. Sie hat umgerechnet 25 Vollzeit-Arbeitsplätze, im Lager und Versand arbeiten aber viele Teilzeitkräfte.

Wagner und Schreiber unterhalten sich allgemein über die wirtschaftliche Lage, kommen dann auf ihre Unternehmen zu sprechen, bis schließlich das Stichwort Balanced Scorecard fällt.

„Ich lehne dieses neumodische Zeug ja ab“, sagt Frau Schreiber zunächst und verweist auf die Flut von Ideen und Konzepten, die in Büchern und von Beratern regelmäßig angeboten werden. „Ich stehe da eher auf ganz konventionelle Dinge, berechne diverse Kennzahlen, mit denen ich den Laden gut im Griff habe. Unsere Kostenstruktur ist rekordverdächtig, na ja, auf jeden Fall ziemlich gut, und so können wir bei unserer bescheidenen Größe ziemlich günstig anbieten. Das bringt uns immer wieder Kunden.“

„Ist das denn nicht etwas riskant?“, fragt sie Wagner. „Ich bemühe mich ständig um Service, vor allem um Zuverlässigkeit der Leute und Reklamationsvermeidung. Wir dürfen in dem Geschäft nicht viele Fehler machen. Schon kleinste Transportschäden können die Kalkulation ziemlich belasten und sind nicht mehr hereinzuholen.“

Schreiber verweist auf die langjährigen Kundenbeziehungen: „Manchmal muss man bei uns ganz schön investieren, um einen Kunden zu gewinnen. Der will erst mal Kleinstmengen und das noch am gleichen Tag. Manchmal kommen sie ja auch nur in solchen Notsituationen zu uns. Wenn der Stammlieferant nichts mehr da hat. Da muss man dann präsent sein. Aber irgendwann rechnet sich der Kunde dann, dann bestellt er alles bei uns, auch größere Dinge wie Büromöbel und -maschinen. Da fängt bei uns das Verdienen an."

Wagner weiß, dass Balanced Scorecard etwas mit Kennzahlen zu tun hat und so fragt er nach.

„Im Wesentlichen kontrollieren wir mit Kennzahlen die Kosten: Mitarbeiterproduktivität, Lagerkosten, Kapitalbindung, Umsatz pro sowieso usw. Qualitative Kennzahlen haben wir nicht. Natürlich sehen wir nach, wie lange die Kunden schon dabei sind. Eine Kundenzufriedenheitsstudie haben wir noch nie durchgeführt. Das ist ja auch teuer und man weiß ja nie, ob das überhaupt alles richtig ist. Und wie sieht es bei Ihnen damit aus?"

Auch Wagner hat sich dabei noch nicht näher engagiert. „Das meiste sind ohnehin Einmalkunden, so oft zieht ja niemand um. Wir haben zwar auch etliche Kunden, die auf Empfehlung kommen, aber selten kommt einer mehrmals. Sicher gibt es da Defizite bei der Steuerung. Wir werden uns Gedanken über den Einsatz der Balanced Scorecard machen. Das ist auch für Mittelständler machbar, mit weniger Kennzahlen und nicht ganz so viel EDV drum herum."

Wagner und Schreiber unterhalten sich noch eine Weile und am Ende beschließen sie, Scorecards für ihre Unternehmen zu entwickeln und sich einen Monat später zu einem Erfahrungsaustausch zu treffen. Dann wollen sie vergleichen, was sie bis dahin entwickelt und erreicht haben.

Das machen sie dann auch. Sie treffen sich im Besprechungsraum des Großhändlers und stellen sich gegenseitig ihre Ziele, Strategien und Kennzahlen vor. Tab. 3 fasst diese zusammen.

Spedition	Büro-Großhandel
Motto	
„Der problemlose Umzug"	„Ihr zuverlässiger Partner für den Büroalltag"
Unternehmensziele	
Steigerung der Auftragsdeckungsbeiträge	Alleinlieferant bei den Kunden werden
gleichmäßige Auslastung über den Monat und das Jahr	Marktführerschaft im Einzugsgebiet
Reduzierung der Reklamationsquote auf null	hohe Kapitalverzinsung
Strategien und Maßnahmenkonzepte	
Schulung der Fahrer und Packer auf Freundlichkeit und Teamgeist	Flexibilisierung des Personaleinsatzes in Lager und Versand
Einführung eines neuen Tarifsystems mit Preisreduzierungen in der Monatsmitte	gezielte Ausweitung des Sortiments
Einführung eines Erfolgsbeteiligungssystems für Mitarbeiter	Umwerbung von bisherigen Nicht-Kunden
Optimierung der Tourenplanung zur Verbesserung der LKW-Nutzung	

Tab. 3: *Balanced-Scorecard-Entwürfe*

Kennzahlen der Balanced Scorecard	
Finanzperspektive	
Deckungsbeitrag pro Auftrag	Deckungsbeitrag pro Kunde
Kosten für Reklamationsbearbeitung	Gesamtgewinn
Kosten pro LKW-Kilometer	Eigenkapitalrendite
Gesamtgewinn	Personalkosten
Kundenperspektive	
Reklamationsquote	Kundenbeziehungsdauer
	Umfang der Bestellungen
	Neukundenanteil
Interne Prozessperspektive	
LKW-Auslastungsgrad	Anteil nicht lieferbarer Artikel
Auftragsstunden pro Mitarbeiter	Anteil fehlerhafter Auslieferungen
Angebotserfolgsquote	Umsatzanteil der Ladenhüter
Anteil fehlerhafte Abrechnungen	durchschnittliche Bearbeitungszeit für Bestellungen
Lern- und Entwicklungsperspektive	
Anteil der geschulten Mitarbeiter	Umfang der Kundendatenbank
Mitarbeiterzufriedenheit	Zahl der Mitarbeiterbesprechungen pro Jahr
	durchschnittliche Betriebszugehörigkeit der Mitarbeiter

Tab. 3: *Balanced-Scorecard-Entwürfe (Fortsetzung)*

„So, das ist ja schon mal ein Anfang. Wir haben ganz schön geschwitzt und bei den Kunden fiel uns auch nichts anderes ein“, sagt Wagner.

„Wir haben da ja ein paar mehr Kennzahlen gefunden, aber ob das nun richtig ist, wie sollen wir das herausfinden?“, so Frau Schreiber.

„Wir können ja mal bei Ihnen sehen, ob die Größen logisch zusammenpassen, ob alles schlüssig ist. Dann können wir ein paar Kennzahlen ausschließen und ein paar ergänzen.“

So beschließen sie, ein Kausaldiagramm zu erstellen und die Kennzahlen zu verbinden, wo es denn geht. Es kommt das folgende Bild 6 zustande.

„Na ja, ob das so richtig ist? Ich weiß nicht. Die Kundendatenbank hängt da so alleine herum. Was machen Sie denn damit? Und der Neukundenanteil? Wie wird denn der erzeugt? Haben Sie da den Außendienst irgendwie berücksichtigt?“, kritisiert Wagner.

„Die Sortimentsausweitung haben wir auch noch nicht mit drin, fällt mir gerade ein. Die steht ja noch bei den Strategien. Da denkt dann im Alltag auch nicht jeder dran, sich mal um neue Produkte zu kümmern. Wenn niemand von den Kunden danach fragt, dann vergessen wir das auch ganz gerne“, gibt Schreiber zu.

„Da müssen wir noch mal ran. Ich helfe Ihnen dabei. Dann sind Sie dran. Ich lade Sie dann mal zu uns ein und dann können Sie sich revanchieren“, versucht Wagner charmant zu werden.

„Sie müssen auf jeden Fall den Lieferanteil bzw. Marktanteil in der Scorecard unterbringen. Der ist Ihnen doch wichtig. Das stand ja schon bei den Zielen. Dann müssen Sie noch Ihre Leute daran erinnern, sich um das Sortiment zu kümmern.“

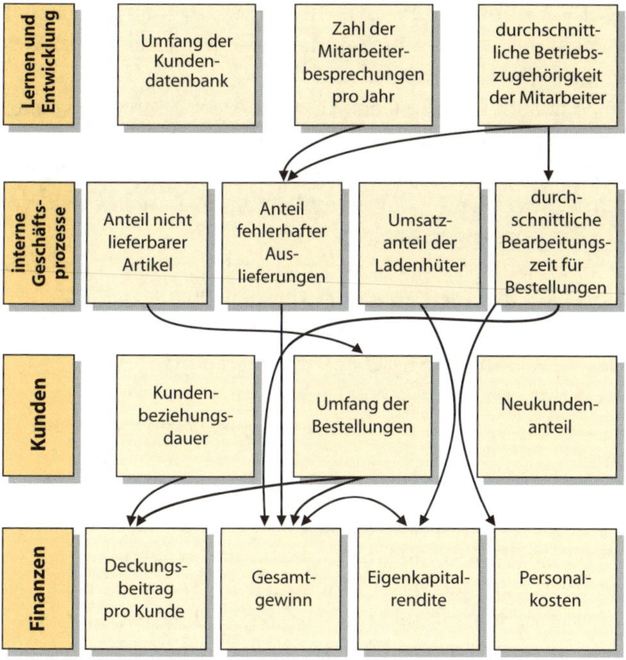

Bild 6: *Kausaldiagramm zu einer ersten Balanced Scorecard für einen Büroartikel-Großhandel*

„Wie soll man das denn in eine Kennzahl packen?“

„Da fragen Sie was. Ich kenne mich ja auch kaum aus. Unser Sortiment ist ja klein. Wir fahren nur mit dem Laster herum. Machen Sie denn Besprechungen über Ihr Sortiment? Wälzen Sie da Kataloge?“

„Manchmal kommen einfach die Lieferanten und stellen uns neue Produkte vor, die wir dann übernehmen oder nicht.

Oder ein Kunde macht mal einen Vorschlag. So viel passiert da nicht. Das zieht ja auch immer Kosten nach sich. Auf Messen gehen wir natürlich auch."

„Wäre das nicht mal ein Ansatz, systematisch etwas zu ändern, sozusagen einen Innovationszwang einzuführen?"

„Das bringt aber wieder Risiken mit sich. Wir müssen vorsichtig sein. Und so viel ändert sich ja nicht, mal von Druckertinte abgesehen."

„Was halten Sie denn von einer gezielten Innovationsrate, sozusagen das Ziel, einen bestimmten Prozentsatz der Produkte zu ersetzen oder zumindest mal gegen den Wettbewerb zu testen? Damit sie frischen Wind hereinbringen."

„Ja gut, das schreiben wir mal in die Liste hinein."

Und so entsteht die in Bild 7 gezeigte, überarbeitete Scorecard.

„Das hat ja schon ein paar Veränderungen ergeben. Zuerst haben wir den Umsatzanteil der Ladenhüter hinausgeworfen, weil das Blödsinn ist. Denn den wollen wir ja nicht optimieren, sondern die Ladenhüter überhaupt eliminieren. Die Kundendatenbank war ja recht verloren in der ersten Zeile. In der Scorecard hat sie so gar keinen Sinn ergeben. Deswegen ist sie jetzt auch gelöscht. Stattdessen haben wir jetzt die Neuproduktanalysen drin. Sie sind ja selbst darauf gekommen, dass die für uns wichtig sind. Um unsere Wachstumsziele besser zu kontrollieren, gibt es nun auch die Steuerungsgröße ‚Kontakte mit potenziellen Neukunden'."

„Was muss man sich darunter vorstellen?"

„Im Prinzip ist das unsere Werbeplanung. Es geht um die Zahl der Werbeaussendungen. Persönliche Besuche machen wir ja kaum, fast alles läuft über Direktwerbung. Ja und die Kundenzufriedenheit hatten wir wohl schlichtweg vergessen.

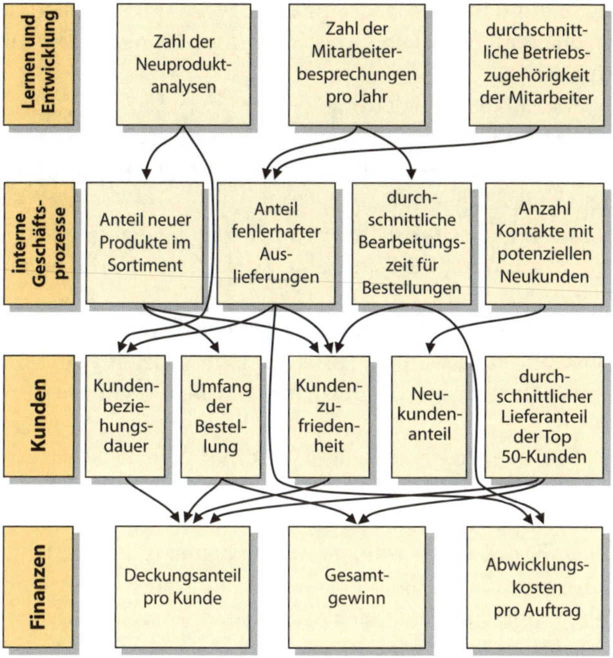

Bild 7: *Kausaldiagramm zu einer besseren Balanced Scorecard für einen Büroartikel-Großhandel*

Die ist neu dazugekommen. Und mein Controller wollte noch den Lieferanteil bei den Kunden berücksichtigen."

„Wie wollen Sie den denn ermitteln?"

„Da fragen Sie mich was. Ich denke, das wird noch ein großes Problem. Ja und dann bei den Finanzen haben wir die Eigenkapitalrendite gestrichen, weil die anderen Größen kaum Einfluss auf die Kapitalbasis haben. Außerdem haben

Gewinn und Rendite ja viel miteinander zu tun. Und statt der Personalkosten stehen jetzt die Abwicklungskosten mit drin."

„Warum diese Änderung?"

„Na ja, im Prinzip ist es egal, wofür wir das Geld ausgeben. Die Kalkulation muss halt stimmen. Deswegen haben wir das jetzt verallgemeinert."

„Das klingt schlüssig. Aber an einigen Stellen müssen Sie wohl erst einmal die Kennzahlen definieren. Und die dann erheben."

„Vor allem die Kundenzufriedenheit bereitet mir noch Kopfschmerzen. Dafür müssen wir richtig Geld in die Hand nehmen. Sollen wir uns jetzt mal um Ihre Spedition kümmern?"

„Nee, nee, das lassen wir erst einmal. Mir reicht das jetzt hier. Wir gehen noch mal in Klausur."

Intern passiert bei dem Büroartikel-Großhändler natürlich einiges. Die Kennzahlen müssen definiert, Zielwerte formuliert werden. Schließlich werden alle Daten in ein Tabellenblatt übertragen, das den Mitarbeitern ausgehändigt wird. Dies wird in Tab. 4 gezeigt.

Zu dieser Scorecard sind noch einige Anmerkungen erforderlich, die aber auch für Scorecards allgemein gelten.

Balanced Scorecard für einen Büromaterial-GH

Perspektive	Ziele und Maßnahmen	Kennzahlen	Zielgrößen
Lernen und Entwicklung	**Ziele:** Alleinlieferant bei den Kunden werden Marktführerschaft im Einzugsgebiet hohe Kapitalverzinsung **Maßnahmen:** Flexibilisierung des Personaleinsatzes in Lager und Versand gezielte Ausweitung des Sortiments Umwerbung von bisherigen Nicht-Kunden	Zahl der Neuproduktanalysen	= 100
		Zahl der Mitarbeiterbesprechungen pro Jahr	= 6
		durchschnittliche Betriebszugehörigkeit der Mitarbeiter	> 4 Jahre
Interne Geschäftsprozesse		Anteil neuer Produkte im Sortiment	= 15% (bis max. 2 J.)
		Anteil fehlerhafter Auslieferungen	< 2,3%
		durchschnittliche Bearbeitungszeit für Bestellungen	< 6 Stunden
		Anzahl Kontakte mit potenziellen Neukunden	> 2800 pro Jahr
Kunden		Kundenbeziehungsdauer	> 6,8 J. im Durchschn.
		Umfang der Bestellungen	> 5,9 Pos.
		Kundenzufriedenheit	CSI = 0
		Neukundenanteil	= 12% (bis 2 J.)
		durchschnittlicher Lieferanteil der Top-50-Kunden	> 60%
Finanzen		Deckungsbeitrag pro Kunde	> 14000 €
		Gesamtgewinn	> 2,7 Mio. €
		Abwicklungskosten pro Auftrag	< 37 €

CSI = Customer Satisfaction Index. Zur Berechnung solcher Indizes siehe z. B. Preißner 2009.

Tab. 4: *Balanced Scorecard eines Büroartikel-GH*

Stimmen Sie Kennzahlen aufeinander ab

Die ausgewählten Kennzahlen müssen nicht nur untereinander abgestimmt und auf logische Konsistenz geprüft werden, sondern auch zielkonform sein. Es ist also zu prüfen, ob sie tatsächlich die Zielerfüllung steuern. In vielen Unternehmen stellt sich jedoch das Zielsystem als zu schwach heraus, als dass es Basis einer Scorecard-Entwicklung sein könnte. So werden Ziele nicht selten ganz allgemein formuliert oder erst im Nachhinein definiert. Dabei entsteht das Risiko, dass sich die Scorecard verselbstständigt und klammheimlich ganz andere Ziele angesteuert werden als eigentlich vorgesehen. Das Gleiche gilt für die Strategien. Ein Unternehmen muss sich erst über Ziele, dann über Strategien im Klaren sein und kann anschließend eine Balanced Scorecard entwickeln. Wir haben dies hier aus Gründen der Übersichtlichkeit nicht noch weiter ausgeführt, es erfolgt aber prinzipiell analog zu der Kausalitätsprüfung der Kennzahlen.

Vermeiden Sie Kennzahlen, die das Gleiche meinen

Innerhalb der Perspektiven muss weiterhin geprüft werden, ob nicht mehrere Kennzahlen das Gleiche messen. Dies passiert in der Praxis sehr oft, wenn man sich inhaltlich stark fokussiert. Wir haben uns in diesem Beispiel bereits von der Eigenkapitalrendite getrennt. Ein hoher Gewinn steigert schließlich die Rendite, so dass alle Einflüsse auf den Gewinn auch gleichzeitig Einflüsse auf die Rendite darstellen. Damit ist aber niemandem geholfen, vielmehr muss überlegt werden, ob es nicht wichtigere Steuergrößen gibt. Hier ist das nicht der Fall, weil die Geschäftsstruktur recht einfach ist.
In der Kundenperspektive besteht stets die Gefahr, sich mehr oder weniger nur um die Kundenzufriedenheit zu kümmern. Besonders unsinnig ist es, wenn die Kundenzufriedenheit noch neben anderen, ähnlichen Kriterien verwendet wird. In unserem Beispiel besteht die Gefahr, dass über die Kunden-

beziehungsdauer letztlich auch nur die Zufriedenheit gemessen wird. Es gibt aber (das hängt mit der regionalen Orientierung des Unternehmens zusammen) auch Gründe, trotz geringer Zufriedenheit Kunde zu bleiben. Daher ist es hier vertretbar. Oft werden aber Kennzahlen wie Kundenzufriedenheit, Empfehlungskundenanteil, Wiederkaufrate, Reklamationsquote u.Ä. miteinander kombiniert. Letztlich handelt es sich aber nur um Indikatoren der Zufriedenheit, so dass man sich für die eine oder die andere entscheiden sollte und stattdessen vielleicht an Indikatoren der Kundenstruktur denkt.

Manchmal ist fraglich, in welche Perspektive eine Kennzahl gehört. Gerade der Kunde kann praktisch überall auftauchen. So sind Kundendeckungsbeiträge eine finanzielle Größe, ein zahlungswirksames Resultat. Die Wiederkaufrate muss sich erst noch in Umsätzen konkretisieren, gehört daher in die Kundenperspektive. Sie hat auch nichts mit internen Prozessen zu tun, weil sie das Ergebnis bestimmter Leistungen ist. Beispielsweise könnten Entwicklungsprojekte mit Kunden die Wiederholungskaufrate, die Kundenzufriedenheit, die Kundenbindungsdauer usw. erhöhen. Sie gehören zu den Prozessen, weil es hier um bestimmte interne Prozesse geht. Diese müssen eingerichtet werden. Workshops mit Kunden und der Aufbau einer Kundendatenbank stehen vor den Prozessen, weil es hier um Informationen und Fähigkeiten geht. Sie gehören daher in die Entwicklungsperspektive.

Machen Sie genaue Zielvorgaben

Schließlich sollte noch darüber nachgedacht werden, wie die Zielgrößen zu definieren sind. Oftmals wird ein „Möglichst-viel" erwartet, sinnvoller ist es aber, ganz konkret optimale Werte vorzugeben. Beispielsweise sind

Mitarbeiterbesprechungen prinzipiell sinnvoll, weil Informationen ausgetauscht werden. Andererseits kosten sie aber produktive Zeit, so dass sie auf ein Mindestmaß beschränkt werden sollten. Stellt sich heraus, dass sechs Besprechungen nicht ausreichen, ist es meist besser, im nächsten Jahr genau acht (oder sieben oder neun, je nachdem) statt „mindestens sechs" vorzugeben.

Über die Festsetzung von Zielen wird gerne umfangreich und lange diskutiert. Dabei gibt es meist Stimmen sowohl für eine realistische als auch für eine ambitionierte Vorgabe. Einmal steht einerseits der Aspekt im Vordergrund, auch Erfolgserlebnisse beim Erreichen der Ziele zu vermitteln, andererseits der Aspekt eines möglichst starken Leistungsanreizes, um ein Nachlassen der Bemühungen bei einem recht guten Verlauf zu verhindern. Während gerade im Vertrieb die letztere Variante vorgezogen wird, ist hier vor allem an das Problem der Abstimmung von Scorecards untereinander zu denken. Eine Übererfüllung der einen Zielgröße kann bei einer anderen Probleme verursachen. So ist in unserem Beispiel in der Geschäftsprozessperspektive daran zu denken, dass eine deutliche Senkung der Bearbeitungszeit für Bestellungen die Gefahr einer wachsenden Anzahl fehlerhafter Auslieferungen bedeutet. Diese beiden wichtigen Kennzahlen müssen also koordiniert werden.

Die Prinzipien der Balanced Scorecard

Anstelle einer Zusammenfassung sollen hier sieben Prinzipien der Arbeit mit einer Balanced Scorecard dargestellt werden.

Gestaltungsprinzipien

Die BSC muss einfach sein – sie muss innerhalb des Unternehmens von allen Beteiligten verstanden werden, es darf keine Missverständnisse bei der Datenermittlung und -interpretation geben.

Die BSC muss ausgewogen sein – sie muss die relevanten Dimensionen des Geschäfts erfassen und die Erfolgsfaktoren abbilden.

Die BSC muss nach dem Prinzip der Kausalität aufgebaut werden – sie ist ein logisches Gebilde, weil die Steuerungsgrößen aufeinander abgestimmt sind. Sie erklären in wesentlichen Zügen, wie der Erfolg des Unternehmens entsteht.

Die BSC muss individuell sein – jedes Unternehmen hat eine eigene BSC. Eine BSC eines Unternehmens soll nicht schematisch auf ein anderes übertragen werden. Unterschiede verdeutlichen verschiedene Strategieansätze.

Managementprinzipien

Die BSC muss kommuniziert werden – sie sollte allen Mitarbeitern mit aktuellen Daten und Zielgrößen zur Verfügung stehen.

Die BSC muss transparent sein – dies betrifft vor allem die Ermittlung und Interpretation der Daten. Herkunft und Erhebungsverfahren müssen bekannt sein.

Die BSC muss strategiekonform entwickelt werden – sie ist Bindeglied zwischen Strategien und operativen Maßnahmen und damit in die Hierarchie des Planungsprozesses einzubinden. Vor allem ist sie inhaltlich an die Strategie des Unternehmens gebunden.

3 Die Entwicklung einer eigenen Balanced Scorecard

3.1 Wie viele und welche Balanced Scorecards werden benötigt?

Wir haben uns nun ausgiebig mit den Grundlagen des Konzepts auseinander gesetzt und einzelne Beispiele kennen gelernt. Jetzt geht es darum, eine Balanced Scorecard im Detail zu entwickeln und vor allem auch die Umsetzung näher kennen zu lernen. Dabei spielt neben den allgemein relevanten Faktoren auch die Koordination mit den in anderen Teilen des Unternehmens vorhandenen Scorecards eine Rolle. So muss gewährleistet sein, dass die Ziele einer Scorecard auch auf diejenigen hinwirken, die bereits in übergeordneten bzw. parallelen Systemen festgelegt sind.

Am einfachsten ist es natürlich, wenn es nur eine Scorecard im Unternehmen gibt. Dann existieren keine Koordinationsprobleme. Allerdings kann sie ab einer bestimmten Unternehmensgröße und -komplexität nicht mehr die steuernde Wirkung ausüben, die ihr eigentlich zugeschrieben wird.

Sparten brauchen eigene Scorecards

Stellen Sie sich vor, ein Unternehmen verfügt über mehrere Sparten, die sich mit unterschiedlichen Dingen beschäftigen: Eine Sparte stellt elektronische Geräte her, eine zweite entwickelt Steuerungen für elektronische Geräte und eine dritte bietet Schulung und Beratung dazu an. Kann man sich vorstellen, dass vier einheitliche Kennzahlen in der Geschäftsprozessperspektive geeignet sind, die individuellen Leistungen zu steuern? Sicherlich nicht. Ein wei-

teres Problem könnte sich aus den Kunden ergeben. Gibt es vielleicht nur drei oder vier Kunden für Beratung, aber Hunderte für die Produkte, dann sind sicher auch hier andere Steuerungsgrößen erforderlich. Dieses Unternehmen müsste also mindestens eine zentrale und drei spartenbezogene Scorecards haben. Unsere Beispiele Möbelspedition und Büro-Großhandel können durchaus mit einer einzelnen Scorecard leben.
Gerade in Vertriebsabteilungen wird zwischenzeitlich auch mit persönlichen Scorecards gearbeitet. Dabei werden die Ziele für die einzelnen Vertriebsmitarbeiter spezifiziert und zu einer vollständigen Scorecard ergänzt.

Prinzipiell können also größere Unternehmen auf sehr spezielle Strukturen kommen. Bild 8 gibt einen Überblick.

Auf Unternehmensebene wird gerne, aber in dieser Einfachheit nicht immer sinnvoll, die Kundenperspektive als die Aufgabe der Marketingleute, die interne Geschäftsprozessperspektive als die Domäne der Produktion angesehen. Insofern könnte man auf die Idee kommen, das Marketing müsse sich nur darum kümmern, die kundenspezifischen Kontrollgrößen näher zu analysieren, die Produktion müsse sich immer um die Prozesse kümmern, die Lern- und Entwicklungsperspektive sei das Tätigkeitsfeld der Personalabteilung und schließlich die Finanzperspektive das der Finanzleute und der Geschäftsführung. Dabei werden aber wichtige Einflusslinien quer durch die Funktionen übersehen. So kann etwa der Vertrieb zur Verkürzung der Gesamtprozesszeiten (interne Prozessperspektive) beitragen, die Produktion durch eine Steigerung der Flexibilität zu einer höheren Kundenzufriedenheit usw.

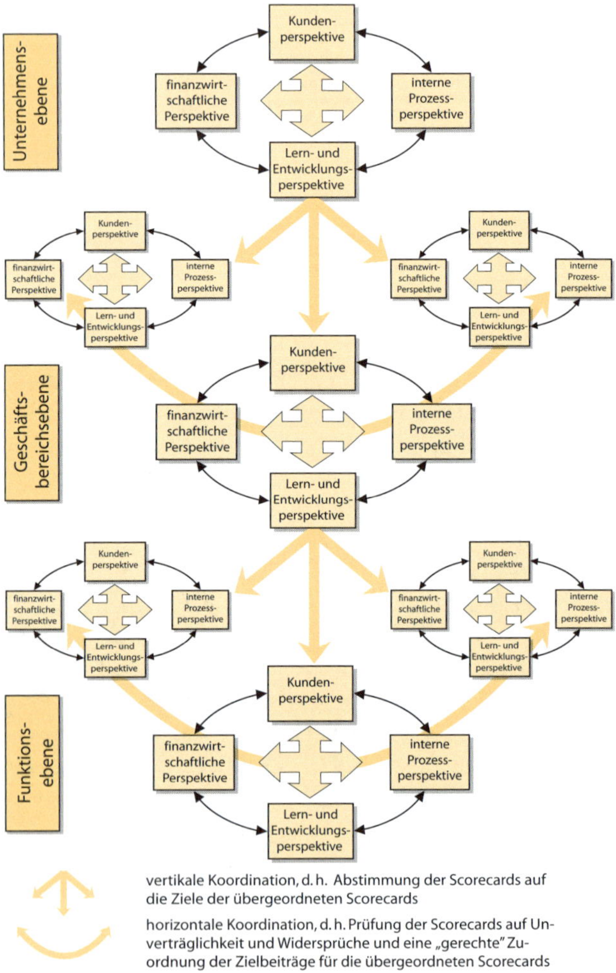

Bild 8: *System der Scorecards in einem Unternehmen*

Funktionsbereichs-Scorecards entwickeln

Die Entwicklung einer Scorecard für ein Unternehmen insgesamt oder einen mehr oder weniger selbstständigen Teil davon gehört praktisch zu den Standards. Seltener werden sie speziell für einen Funktionsbereich (Marketing, Personal, Produktion, Einkauf usw.) eingesetzt. Dies kann aber gerade dann sinnvoll sein, wenn die Steuerung in einem eher trägen, funktionsorientiert organisierten Unternehmen belebt werden soll, oder wenn der Funktionsbereich eine herausgehobene Stellung einnimmt.

Je mehr Scorecards in einem Unternehmen existieren, desto wichtiger wird deren Abstimmung aufeinander. Dies kann nur auf individuellem Wege geschehen, weil auf die jeweiligen Steuerungsgrößen einzugehen ist. Einen Standard-Abstimmungsprozess gibt es nicht. Wichtig ist letztlich, dass er überhaupt stattfindet und nicht aus Aufwandsgründen ausgelassen wird. Entstehen nämlich Konflikte, ist das gesamte System zum Scheitern verurteilt. Wir können hier natürlich nicht alle potenziellen Konfliktfelder darstellen. Einige typische sind aber:

Balanced Scorecards einer Ebene – horizontale Konflikte

Ein Unternehmen hat in mehreren Sparten sich überschneidende Kundenstämme. Eine Sparte formuliert das Ziel, den durchschnittlichen Deckungsbeitrag der Kunden zu steigern, auch durch eine Trennung von Kleinkunden. Die andere Sparte will die Kundenbasis durch gezielte Akquisition ausbauen. Unterstellt man, dass das Unternehmen Kunden einer Sparte auch mit Leistungen einer anderen Sparte beliefern will, entsteht hierdurch ein Konflikt. Wirft die eine kleine Kunden heraus, verliert die andere sie zu einem gewissen Teil auch und entfernt sich damit von ihrer Zielsetzung.

Die Marketing-Scorecard einer Sparte enthält als Steuerungsgröße u. a. die Innovationskraft, die an der Anzahl der vorgeschlagenen und durchgeführten Neuproduktvorhaben gemessen werden soll. Die hierarchisch auf der gleichen Ebene stehende Produktions-Scorecard ist jedoch auf eine Vereinfachung der Prozessstruktur ausgerichtet, was nur mit Hilfe wachsender Standardisierung sowie steigender Losgrößen zu erreichen ist und durch Neuprodukte eher behindert wird.

Balanced Scorecards auf mehreren Ebenen – vertikale Konflikte

Grundsätzliche Konflikte vertikaler Art lassen sich bereits durch den Prozess der Entwicklung der Scorecards weitgehend ausschließen. Hier steht vor allem die optimale inhaltliche Abstimmung im Vordergrund. Die untergeordnete Scorecard (einer Sparte, des Personalwesens ...) ist letztlich in der Situation des Erfüllungsgehilfen der übergeordneten (des Unternehmens insgesamt).

Finanzkennzahlen müssen für andere Ebenen „übersetzt" werden

Probleme ergeben sich beispielsweise aus der Frage, wie die Finanzgrößen einer Unternehmens-Scorecard in die Finanzgrößen einer Sparten-Scorecard zu übersetzen sind. So kann die Spartenleitung nur auf einen bestimmten Teil der Kapitalbasis Einfluss nehmen und ist beispielsweise völlig unabhängig von Finanzierungsüberlegungen (Eigen-/Fremdkapital). Hier müssten die globalen Renditeziele (ROI – Return on Investment o.Ä.) auf Spartenebene „heruntergebrochen" werden. Anstelle des ROI könnte etwa der ROCE (Return on Capital Employed) eingesetzt werden, wobei auf eine direkte rechnerische Beziehung zum ROI verzichtet werden müsste.

3.2 Welche Perspektiven sollen ausgewählt werden?

Eine wichtige Frage, zumindest, wenn man sich schon vorher allgemein mit dem Thema beschäftigt hat, ist die Frage, welche Perspektiven eine Balanced Scorecard enthält. Hier wird vorgeschlagen, den **„organischen" Weg** zu gehen, nämlich zu bestimmen, wann sich das Unternehmen im übertragenen Sinne in seinem „physiologischen Gleichgewicht" befindet. Dabei wird aus der internen Kenntnis des Unternehmens und der Märkte heraus nach den Erfolgsfaktoren gesucht, die dann die Grundlage für die Perspektivenbestimmung darstellen. Hier wird letztlich jedes Unternehmen zu einer ganz individuellen Lösung kommen, so dass sich kein allgemein gültiges Schema erstellen lässt.

Regionale Tageszeitung

Der Unternehmenserfolg wird dadurch erreicht, dass für die beiden Zielgruppen der Leser und der Anzeigenkunden ein herausragendes Produkt geboten wird. Die Leistung ist sowohl eine persönliche (Inhalte) als auch eine technische (Druck). Das Produkt selbst ist aufgrund der Aktualität und Komplexität kaum strategisch zu planen, Mitarbeiter und Prozesse fallen praktisch zusammen. Für diese Zeitung bietet es sich daher an, sich auf die Perspektiven „Finanzen", „Leser", „Anzeigenkunden" und „Druck" zu konzentrieren.

Hotel

Hotels befinden sich insofern in einer besonderen Situation, als die Vermittlung von Gästen eine zentrale Rolle spielt. Hier gibt es eine große Vielfalt von Kommunikations- und Distributionswegen und entsprechende Kostenbelastungen. Daher sollte den Standardperspektiven „Finanzen", „Kunden", „Prozesse" und „Lernen" noch die „Vermittlerperspektive" hinzugefügt werden, die die Beziehung zu Agenturen, Buchungsdiensten usw. steuert. Hier können dann Kosten- und Erfolgskennzahlen berücksichtigt werden.

Interne Abteilung

Immer häufiger werden Scorecards für die Steuerung einzelner Abteilungen im Unternehmen eingesetzt. Die Abteilungsleiter erhalten damit neben dem Budget ein weiteres Steuerungsinstrument. Als finanzielle Erfolgsgröße ist oft nur das Einhalten von Budgetvorgaben zu nennen. Für eine Abteilung Öffentlichkeitsarbeit bietet sich etwa der Einsatz der drei Perspektiven „(interne) Kunden", „Prozesse" und „Lernen und Entwicklung" bzw. einfacher „Mitarbeiter" an.

3.3 Wie geht man bei der Entwicklung vor?

Wir können nun darangehen, eine Scorecard zu entwickeln. Sehen wir uns dazu noch einmal ihre Stellung im Prozess der Unternehmensplanung an (Bild 9). Die umgreifenden Aktivitäten sind nach wie vor als vor- bzw. nachbereitende Tätigkeiten erforderlich. Das heißt: Vor der Entwicklung der Balanced Scorecard steht die Ableitung der Strategien aus den Unternehmenszielen. Eine Scorecard ist immer strategiekonform (siehe unter den Prinzipien). Die Ergebnisse der Kontrollvorgänge werden dann wieder in den Prozess der Scorecard-Entwicklung und -Anwendung integriert, um Ziele an die jeweilige Situation anzupassen, vielleicht auch neue Ziele und Steuerungsgrößen zu integrieren.

Unter Berücksichtigung dieses Zusammenhangs von Scorecard und Planungsprozess lässt sich nun ein Konzept für die praktische Umsetzung erarbeiten.

Wichtig sind zunächst strategische Vorarbeiten, das heißt die Erarbeitung von Zielen und Strategien bzw. auch schon

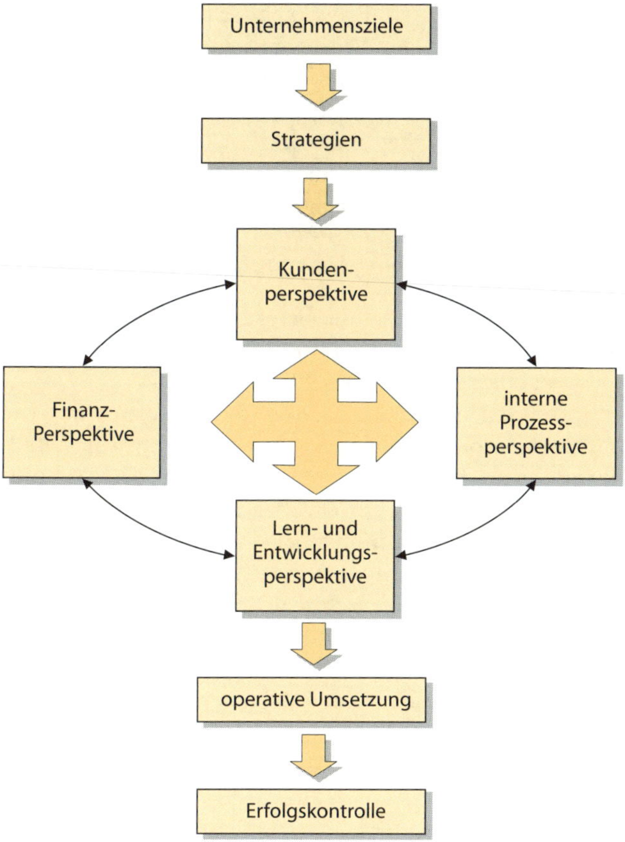

Bild 9: *Stellung der Balanced Scorecard im Prozess der Unternehmensplanung*

Maßnahmenkonzepten. Es ist nicht selbstverständlich, dass hier Einigkeit unter den Verantwortlichen besteht, mitunter gibt es nicht einmal eine verbindliche Unterlage dazu. Da man ohne Vorbereitung nicht selten aneinander vorbeiredet, ist eine Konferenz oder ein Workshop unbedingt erforderlich. Erst dann kann davon ausgegangen werden, dass beim weiteren Vorgehen eine einheitliche Grundlage besteht.

Regelung der Projektverantwortung

Ein weiterer Entscheidungsbereich ist die **Verantwortung für die Durchführung des Einführungsprojekts.** Prinzipiell sind zwei Ebenen zu berücksichtigen:

1. Zum einen ist es die **funktionale Verantwortung** (der Machtpromotor), das heißt die Instanz, die über die Durchführung entscheidet und sie ggf. unter Einsatz der Machtmittel vorantreibt. Es besteht weitgehend Einigkeit darüber, dass dies nur die Geschäftsleitung, bei einer Insellösung auch die Bereichsleitung sein kann.

2. Zum anderen ist die **fachliche Betreuung** des Projekts sicherzustellen. Diese sollte durch einen Projektleiter erfolgen, der aus einer unabhängigen Perspektive die einzelnen Schritte initiiert und überwacht. Eine Unabhängigkeit vom betroffenen Bereich ist deswegen erforderlich, weil die Verquickung mit eigenen Zielen ausgeschlossen sein muss und nicht selten ein hartes Durchgreifen gegenüber Interessenpartikularisten und Verzögerern erforderlich ist. Außerdem sind die Kenntnis der Vorgehensweise und ein neutraler Überblick über die erreichten Zwischenergebnisse erforderlich.

Als zentraler Koordinationsmechanismus wird die Veranstaltung von Workshops vorgeschlagen, allerdings mit der

Maßgabe einer effizienten Organisation mit entsprechenden Befugnissen für die Projektleitung.

1

Bestimmung der Unternehmensvision, von Zielen und Strategien (Unternehmens-, Sparten-, Funktionsbereichsebene)

- Welches ist die Philosophie, Vision des Unternehmens? Welche Marktposition soll erreicht werden?
- Welche Strategien werden verfolgt?
- Wie soll sich die Position am Markt von der der Wettbewerber unterscheiden?

Workshop mit Führungskräften, Dauer: 1 – 2 Tage
Vor- und Nachbereitung: 1 – 2 Monate
Leitung: Projektmanager, jeweilige Bereichsleitung, Geschäftsleitung

2

SWOT-Analyse

- Welche Stärken hat das Unternehmen/die Sparte/der Funktionsbereich?
- Wo liegen die Schwächen?
- Welche Chancen bieten sich aufgrund der Stärken und des Marktumfelds?
- Welche Herausforderungen stehen Unternehmen/Sparte/Funktionsbereich gegenüber?

vorbereitende Analyse in den Abteilungen/bei der Geschäftsleitung,
Zeitrahmen: 1 – 2 Monate
Zusammenfassung in Workshop, Dauer: 1 Tag
Leitung: Projektmanager

3

Bestimmung der Erfolgsfaktoren

- Welche sind unsere relevanten Erfolgsgrößen?
- Welche Vorgehensweisen und Entscheidungen führen in den jeweiligen Bereichen zum Geschäftserfolg?
- Welche Prozesse verschaffen uns eine herausragende Stellung am Markt?
- Mit welchen Instrumenten können wir uns deutlich vom Wettbewerb abheben?

ggf. mit SWOT-Analyse zusammen zu bearbeiten, sonst: Workshop,
Dauer: je nach Verantwortungsbereich 1 – 2 Tage
Leitung: Projektmanager

Bild 10: *Konzept zur Einführung einer Scorecard*

4

Bestimmung der Perspektiven für die Balanced Scorecard

- Mit welchen Perspektiven können die Erfolgsfaktoren und Instrumente abgebildet werden?
- Wie viele Perspektiven werden benötigt?
- Sind die gewählten Perspektiven geeignet, die nötigen Verbindungen zu anderen Scorecards des Unternehmens herzustellen?

Workshop mit breit angelegtem Führungskreis des Unternehmens, Dauer: 1 Tag
stringentes Projektmanagement erforderlich

5

Übersetzung von Zielgrößen der Unternehmensscorecard für die untergeordnete Scorecard

- Welche Variablen müssen abgebildet werden, um die übergeordneten Steuerungsgrößen anzuwenden?
- Welche Zielwerte ergeben sich aus diesen Vorgaben?

wie oben, als Fortsetzung des Workshops, Dauer: 1 Tag
Leitung: Projektmanager

6

Auswahl und Definition der einzelnen Kennzahlen

- Welche Kennzahlen werden für die einzelnen Perspektiven benötigt? Stehen sie in einer Kausalbeziehung zueinander?
- Wie sind sie zu definieren, wer ist für die Überwachung verantwortlich?
- Welche Zielvorgaben sind bei diesen Kennzahlen sinnvoll?

Projektgruppe (Verantwortliche der betroffenen Abteilungen, Projektmanager)
Dauer: je nach Unternehmensgröße 1 – 3 Monate in den betroffenen Abteilungen/Ebenen
Abschluss: Workshop mit Führungskreis, Dauer: 1 Tag

Bild 10: *Konzept zur Einführung einer Scorecard (Fortsetzung)*

7

Ableitung untergeordneter Scorecards

- Festlegung, für welche Einheiten innerhalb des Unternehmens weitere Scorecards erforderlich sind (Abteilungen, Vertriebsverantwortliche usw.)?
- Abstimmung der individuellen Kennzahlen und Zielwerte auf die Unternehmensscorecard.

Projektgruppe (Verantwortliche der betroffenen Abteilungen, Projektmanager)
Dauer: 2 – 3 Monate

8

Implementierung der Balanced Scorecard

- Entwicklung eines umfassenden Konzepts zur Umsetzung der Scorecard (Zeitplan, Aufgabenverteilung).
- Konzeption von Schulungen und Abstimmungsprozessen.
- Festlegung der Verantwortlichkeiten für Umsetzung, Kontrolle und Berichterstattung.

Projektmanager in Abstimmung mit Projektgruppenmitgliedern und Führungskreis
kontinuierliche Aufgabe, mindestens 6 Monate

Bild 10: *Konzept zur Einführung einer Scorecard (Fortsetzung)*

Die Gesamtdauer des Prozesses wird im Normalfall nicht unter einem halben Jahr liegen, wenn „nur“ eine Unternehmens-Scorecard entwickelt und eingeführt wird. Die Ableitung weiterer Scorecards für einzelne Abteilungen oder gar Mitarbeiter wird etwa noch einmal ein halbes Jahr in Anspruch nehmen. Damit ist allerdings nur die Ersteinführung abgearbeitet. Bis erste Ergebnisse aus dem Einsatz vorliegen, kann noch einmal ein Jahr (bzw. sogar ein Kalenderjahr) vergehen, weil die entsprechenden Berichtszyklen abgewartet werden müssen. Damit dauert es mitunter rund zwei Jahre, bis über einen erfolgreichen oder nicht erfolgreichen Einsatz der Balanced Scorecard entschieden werden kann. Dies sollte man sich vor Augen halten, wenn man die Scorecard mit dem Ziel einer kurzfristigen Ergebnisverbesserung oder in einer Krisensituation einführt.

3.4 Welche Kennzahlen können eingesetzt werden?

Wir befinden uns hier an einer der strategischen Positionen der Scorecard-Erstellung. Ein Ziel ihres Einsatzes ist es ja, Licht in den Dschungel der Kennzahlen im Unternehmen zu bringen, das heißt letztlich die unwichtigen und/oder unverständlichen Kennzahlen zu verbannen. Meist wird vorgeschlagen, sich auf rund 16 Größen zu konzentrieren.

Diese Faustformel kann ohne weiteres befolgt werden, und zwar auf allen Ebenen. Es stellt sich meist als schwer heraus, durch eine Aufstockung der Anzahl von Größen wirklich relevante Dimensionen zu bearbeiten. Ausufernde Scorecards sind denn auch meist ein Zeichen der Angst, irgendetwas zu vergessen, und kein Zeichen der Zuversicht, die wirklichen Erfolgsfaktoren zu beherrschen. Werden z.B. Vorschläge mit zehn und mehr Kennzahlen pro Perspektive gemacht, dann deutet dies eher auf ein Nicht-Verständnis des Geschäfts und der Erfolgsfaktoren hin.

Unter den Prinzipien der Scorecard-Entwicklung wurde auch darauf hingewiesen, dass Individualität ein wichtiges Merkmal ist. Das heißt auch, dass es nicht mit einer Auswahl aus einem Katalog von Kennzahlen getan ist. Das mag im Einzelfall ausreichen, es gibt jedoch keine Garantie dafür. Manchmal ist auch Kreativität gefragt.

Auf den folgenden Seiten wird eine Auswahl von Kennzahlen vorgestellt, die sich eignen und ggf. auch Ausgangspunkt für eigene Kreationen sein können. Während die Themenbereiche Finanzen, Kunden und Lernen bzw. Personal in den meisten Scorecards mit mehr oder weniger starken Abweichungen vorkommen, ist im Bereich der Prozesse eine weit größere Vielfalt festzustellen. Daher können hier nur einige Beispiele herausgegriffen werden. Wir beschränken uns hier auf die Funktionsbereiche Produktion/Qualität, Materialwirtschaft/Logistik, Personal und Marketing/Vertrieb. Zu letzterem Bereich finden sich ausführliche Kennzahlendarstellungen bei Preißner 2002.

Finanzen

Kennzahl	**Definition**	**Erklärung**
Umsatz	Preis · Menge	Kann als Größe des Markterfolgs eingesetzt werden. Vor allem zur Unterstützung von Wachstumszielen. Auch Grundlage für Marktanteilsziele. Im Zeitvergleich als Umsatzwachstumsrate.
Umsatzrendite	$\frac{\text{Betriebsergebnis} \cdot 100}{\text{Umsatz}}$	Auch Return on Sales genannt. Maßgröße für den Erfolg der betrieblichen Tätigkeit. Geeignet als Vergleichsmaßstab über die Zeit, mit einzelnen Sparten des Unternehmens oder mit anderen Unternehmen.
Kostenanteil	$\frac{\text{Kosten für bestimmte Funktionen}}{\text{Gesamtkosten bzw. Gesamtumsatz}}$	Dient der allgemeinen Kostenkontrolle. Nur bedingt aussagefähig, weil Qualitätswirkung bzw. Auswirkung auf andere Kostenarten nicht berücksichtigt wird.

Jahresüberschuss	Umsatz – Kosten – Zinsen – Steuern	Zentrale Erfolgsgröße für das Gesamtunternehmen, Grundlage für Renditekennzahlen.
Kunden-/Produkt-/Sparten-/Deckungsbeitrag	Erlös – zurechenbare Kosten = Deckungsbeitrag	Leicht zu ermittelnde Erfolgsgröße, berücksichtigt nur variable und Einzelfixkosten. Auf Kunden, Produkte, organisatorische Einheiten zu beziehen.
Deckungsbeitragsrate	$\frac{\text{Deckungsbeitrag} \cdot 100}{\text{Umsatz}}$	Als Ersatzgröße für die Umsatzrendite einsetzbar. Maßstab der Profitabilität von Entscheidungsbereichen.
Eigenkapitalrentabilität	$\frac{\text{Jahresüberschuss} \cdot 100}{\text{Eigenkapital}}$	Gibt die Verzinsung des Eigenkapitals an. Rendite der Eigentümer.
Gesamtkapitalrentabilität	$\frac{(\text{Jahresüberschuss} + \text{Fremdkapitalzinsen}) \cdot 100}{\text{Gesamtkapital}}$	Ermittelt die Verzinsung des Gesamtkapitals an. Auch: Return on Investment.
Kapitalumschlagshäufigkeit	$\frac{\text{Umsatz}}{\text{Gesamtkapital}}$	Gibt an, wie effizient das Kapital im Unternehmen eingesetzt wird.

Cashflow allgemein	Zahlungswirksame Veränderung des Finanzmittelfonds bzw. Einzahlungen minus Auszahlungen einer Periode	Maßgröße der Finanzkraft aus der laufenden Betriebstätigkeit. Berücksichtigt nicht nur die *liquiden* Mittel, sondern alle *finanziellen* Mittel.
Cashflow-Näherungsformel	Jahresüberschuss + Abschreibungen + Zuführungen zu Rückstellungen = Cashflow	Einfache Variante, in der Praxis häufig verwendet. Leicht manipulierbar über die Bemessung der Abschreibungen.
EVA (Economic Value Added)	(Kapitalrendite – Kapitalkostensatz) · investiertes Kapital = EVA bzw. (NOPAT/investiertes Kapital – WACC) · investiertes Kapital = EVA	EVA ist eine Residualgröße. Er zeigt, wie viel über die Deckung der Kapitalkosten hinaus mit dem investierten Kapital verdient wurde. EVA misst die Wertsteigerung in einer Periode, und zwar im Nachhinein. Er ist auch als Alternative/Konkurrenz zum Shareholder-Value zu verstehen, der zukunftsorientiert mit Schätzgrößen arbeitet. Bezugsgröße ist hier immer eine Periode.

ROCE– Return on Capital Employed	$\frac{\text{Operating Profit}}{\text{Capital Employed}}$	Zeigt die periodenbezogene Verzinsung des Kapitals an. Operating Profit = Umsatz – Kosten, Capital Employed = operative Aktiva – operative Passiva, kann auch für untergeordnete Scorecards eingesetzt werden.

Tab. 5: *Finanzkennzahlen*

Kunden

Kennzahl	**Definition**	**Erklärung**
Kunden-zufriedenheit	Anteil der zufriedenen Kunden an allen Kunden bzw. erreichter Zufriedenheitsindexwert	Allgemeiner Maßstab für den Erfolg, bezieht Leistung, Preis, Betreuung usw. mit ein. Hohe Kundenzufriedenheit führt meist zu hoher Profitabilität. Als Global- („Wie zufrieden sind Sie?“) oder Detailurteil (z.B. „Ist die Leistung unseres … besser als die des Wettbewerbers …?“).
Neukunden-anteil	$\frac{\text{Umsatzvolumen der Neukunden}}{\text{Gesamtumsatz}}$	Ermittelt die Bedeutung neuer Kunden für den Umsatz, gilt als Attraktivitätsmaßstab für das Unternehmen. Hoher Neukundenanteil kann aber auch auf Unzufriedenheit der alten Kunden hindeuten.
Stammkunden-anteil	$\frac{\text{Umsatzvolumen regelmäßiger Kunden}}{\text{Gesamtumsatz}}$	Profitabilitäts- und Zufriedenheitsindikator, da Stammkunden keine Akquisition erfordern und zufrieden sind.

Empfehlungskundenanteil	(Anzahl/Umsatz der Kunden, die auf Empfehlung kaufen) / (Gesamtzahl der Kunden/Gesamtumsatz)	Empfehlungskunden sind solche, die von anderen Kunden angeworben wurden. Sie werden als Zeichen für eine hohe Kundenzufriedenheit gewertet. Außerdem sind sie meist profitabler, weil sie keine Akquisitionskosten verursachen.
A-, B-, C-, Geschäftskundenanteil	(Anzahl/Umsatz der A- usw. Kunden) / (Gesamtumsatz/Zahl der Kunden gesamt)	Im Hinblick auf Profitabilität und Risiken werden Anteile wichtiger Kundengruppen ermittelt. Können als Vorgabe für Außendienst eingesetzt werden.
Churn Rate	(Anzahl der Vertragskündigungen im letzten Jahr) / (Anzahl der Verträge (aktueller Bestand))	Stellt die Verlustrate bei vertraglichen Kundenbeziehungen dar. Wichtig bei hohen Anfangsinvestitionen in Kundenbeziehung. Indikator der Kundenzufriedenheit.
Angebotsinanspruchnahme	Anzahl in Anspruch genommener Angebote (auch Nebenleistungen)	Misst die Intensität der Kundenbeziehung über das Interesse an Schulungen, Beratung, Klubs usw., die der Verkäufer anbietet.
Kauffrequenz	durchschnittliche Kaufhäufigkeit	Indikator für die Intensität der Kundenbindung und für die Wahrscheinlichkeit weiterer Käufe. Vor allem für Einzelkunden geeignet.

Tab. 6: *Kundenkennzahlen*

Interne Prozesse: Marketing/Vertrieb

Kennzahl	Definition	Erklärung
Vertriebskostenanteil	$\frac{\text{Vertriebskosten}}{\text{Gesamtkosten}}$	Indikator für Erfolgsträchtigkeit eines Produkts oder des Sortiments (hoher Vertriebskostenanteil deutet auf Wettbewerbsnachteil hin). Dient der Kostenkontrolle im Vertrieb.
Stornoquote	$\frac{\text{Volumen der stornierten Aufträge}}{\text{Gesamtumsatz}}$	Indikator für unangemessene Vertriebsmethoden (Überrumpelung durch Außendienst), unklare Vertragsbedingungen oder auch nachträgliche „Kampfangebote“ durch Wettbewerber.
Angebotszeit	Durchschnittliche Dauer der Angebotserstellung	Misst die Schnelligkeit des Vertriebs. Wartezeit auf Angebote ist häufig ein Grund für Auftragsverluste.
Angebots-/Auftragsstruktur	$\frac{\text{Volumen der Angebote/Aufträge im Bereich …}}{\text{Gesamtangebots-(auftrags)volumen}}$	Misst die Zusammensetzung der Anfragen bzw. Aufträge nach Bereichen wie Kundensegmenten, Ländern, Branchen. Ist ein Indikator für Veränderungen im Markt.
Besuchseffizienz	$\frac{\text{Anzahl der akquirierten Aufträge}}{\text{Anzahl der Kundenbesuche}}$	Maß der Effizienz des Außendienstes. Unter anderem lassen sich Leistungsunterschiede feststellen.

Marktanteil	$\frac{\text{eigener Umsatz in der Produktgruppe}}{\text{Gesamtumsatz der Produktgruppe}}$	Maßzahl für den relativen Erfolg; Indikator für Marktmacht; auf Produkte oder Unternehmen zu beziehen. Gegebenenfalls auch in der Finanzperspektive einzusetzen.
Innovationsgrad des Sortiments	$\frac{\text{Umsatz der bis 1 od. 2 Jahre alten Produkte}}{\text{Gesamtumsatz des Sortiments}}$	Hinweis auf mögliche Überalterung des Sortiments; gilt üblicherweise als Erfolgsgröße, kann aber auch hohe Kosten (Unterstützung der Produkte) bedeuten. Sollte auf die Elimination von alten Produkten abgestimmt werden.
Lost-Order-Rate	$\frac{\text{Anzahl der verlorenen Aufträge}}{\text{Anzahl der akquirierten Aufträge}}$	Mithilfe der Lost-Order-Rate, die nach Verlustgründen spezifiziert werden sollte, lassen sich Fehler in der Vorklärungs-/Abwicklungsphase kontrollieren.
Netto-Reichweite	Zahl der einfachen Kontakte mit einem Werbemittel in der Zielgruppe	Einfache Steuerungsgröße für den Werbeeinsatz. Jede erreichte Person wird nur einmal erfasst. Sind auch Mehrfachkontakte erwünscht, kann die Brutto-Reichweite verwendet werden.
Distributionsgrad	$\frac{\text{Anzahl (Umsatz) der Geschäfte, die ein Produkt führen}}{\text{Anzahl (Umsatz) der Geschäfte, die ein Produkt führen könnten}}$	Erfolgsgröße für den Vertrieb, beschreibt das Absatzpotenzial, keine realen Umsätze.

Tab. 7: *Marketing-/Vertriebskennzahlen*

Interne Prozesse: Materialwirtschaft/Logistik

Kennzahl	**Definition**	**Erklärung**
Materialintensität	$\frac{\text{Materialkosten}}{\text{Gesamtkosten}}$	Berechnet den Materialkostenanteil an den Gesamtkosten. Ermöglicht Kostenkontrolle und Schwachstellenanalyse.
Lagerdauer in Tagen	$\frac{\text{durchschnittlicher Lagerbestand} \cdot 365}{\text{Jahresverbrauch}}$	Ermittelt die Lagerdauer für Vorräte in Tagen. Hinweis auf zu hohe/zu niedrige Bestandsmengen und nicht angemessene Kapitalbindung. Muss mit den Verfügbarkeiten der Vorprodukte abgestimmt werden.
Lagerumschlagshäufigkeit	$\frac{\text{Jahresverbrauch/-absatzmenge}}{\text{durchschnittlicher Lagerbestand}}$	Ermittelt die Geschwindigkeit, mit der Ware aus dem Lager verkauft wird. Maßgebend für die Kapitalbindung im Lager. Auch auf Materiallager anzuwenden.
Liegezeit	durchschnittliche Verweildauer von Waren im Lager in Tagen	Indikator für unnötige Kapitalbindung, ungeeignete Bestellzyklen.

Lieferzuverlässigkeit	$\frac{\text{Anzahl (Wert) termingerechter Lieferungen}}{\text{Gesamtzahl (Wert) der Lieferungen}}$	Ermittelt, welcher Teil der Lieferungen pünktlich war. Indikator zur Abschätzung der Zufriedenheit des Kunden mit den eigenen Lieferleistungen. Alternativkennzahl: Lieferzeit.
Fehllieferungsanteil	$\frac{\text{Anzahl der Lieferungen mit Fehlmengen}}{\text{Gesamtzahl der Lieferungen}}$	Ermittelt, welcher Teil der Lieferungen fehlerfrei war. Indikator zur Abschätzung der Zufriedenheit des Kunden mit den eigenen Lieferleistungen.
Schadenquote	$\frac{\text{Kosten für Schadenbeseitigung}}{\text{Wert der transportierten Waren}}$	Steuerungsgröße für die Qualität und Sicherheit des Transports. Anwendbar auf eigene und fremde Transportmittel. Sinnvoll im Zusammenhang mit Outsourcing einzusetzen.
Selbstdispositionsquote	$\frac{\text{Anzahl/Umsatz der selbst disponierten Lieferungen}}{\text{Gesamtzahl der Lieferungen}}$	Ermittelt den Anteil der Liefervorgänge, der vom Besteller selbst veranlasst wurde (häufig durch Internet oder EDI). Relevant für Kosten und Fehlerquote.

Tab. 8: *Materialwirtschafts-/Logistikkennzahlen*

Interne Prozesse: Produktion/Qualität

Kennzahl	Definition	Erklärung
Auslastungsgrad	$\frac{\text{tatsächliche Arbeits-/Maschinen(nutz)zeit}}{\text{verfügbare Gesamtzeit}}$	Maßgröße der Effizienz der Produktion. Geringe Auslastung führt zu hohen Leerkostenanteilen und hohen Stückkosten.
Maschinenproduktivität	$\frac{\text{Ausbringungsmenge/Umsatz/Deckungsbeitrag}}{\text{geleistete Maschinenstunden}}$	Maßgröße der Effizienz des Maschinen einsatzes. Bestandteil von Schwachstellenanalysen. Wird auch für Engpassplanungen eingesetzt. Statt Maschinenstunden sind auch andere Einheiten einsetzbar.
Ausschussquote	$\frac{\text{fehlerhafte Teile}}{\text{Gesamtproduktionsmenge}}$	Maßgröße der Produktionsqualität. Auch Kostenindikator.
Fehlerkostenanteil	$\frac{\text{Kosten für Fehlerbeseitigung/fehlerhafte Teile}}{\text{Gesamtkosten}}$	Maßgröße der Produktionsqualität, Indikator für Notwendigkeit eines Qualitätsmanagements. Auch Kostenindikator.

Verbrauchsabweichung	$\frac{\text{tatsächlich verbrauchte Materialmengen zu geplanten Preisen} - \text{Sollkosten}}{\text{Sollkosten}}$	Gibt den Anteil der Kostenabweichung (Ist zu Soll) an, der in der Produktion zu verantworten ist. Eliminiert Mengeneffekte (falsche Schätzung der Absatzmenge) und Preiseffekte (Preisänderungen bei Vorprodukten).
Sortimentsumfang	Anzahl unterschiedlicher Produkte im Sortiment	Relevant sind solche Produkte, die von Kunden im Verbund nachgefragt werden. Gibt die Fähigkeit an, die Nachfrage eines Kunden alleine abdecken zu können.
Time to Market	Produktentwicklungszeit von der Idee bis zur Markteinführung	Maß der Reaktionsgeschwindigkeit. Kurze Entwicklungszeiten ermöglichen Erzielung von Wettbewerbsvorteilen.
Durchlaufzeit	Zeitbedarf vom Beginn der Fertigung eines Produkts bis zum Ende	Maßgröße der Effizienz von Produktionsabläufen und der Kapitalbindung. Auch auf Verwaltungsprozesse anwendbar.

Tab. 9: *Produktions-/Qualitätskennzahlen*

Interne Prozesse: Personal

Kennzahl	**Definition**	**Erklärung**
Personalkostenanteil	$\frac{\text{Personalkosten}}{\text{Gesamtkosten}}$	Gibt den Anteil der Personalkosten an den Gesamtkosten an. Auch als Personalintensität bezeichnet. Besonders in personalintensiven Branchen eingesetzt.
Krankenstand	$\frac{\text{Zahl der Krankheitstage insgesamt}}{\text{Zahl der tariflichen Arbeitstage}}$	Ermittelt den Anteil ausgefallener Arbeitszeit durch Krankheit, Indikator für gesundheitliche Gefahren der Arbeitsplätze und Betriebsklima.
Personalfluktuation	$\frac{\text{Zahl der Austritte innerhalb eines Jahres}}{\text{Zahl der Mitarbeiter insgesamt}}$	Indikator für Mitarbeiterzufriedenheit/-unzufriedenheit, Qualität der Personalakquisition. Weiterhin ist hohe Fluktuation auch ein Kostenfaktor.
Beschäftigungsgrad	$\frac{\text{Istbeschäftigung}}{\text{Planbeschäftigung}}$	Misst die Auslastung bezogen auf die vorgehaltenen Kapazitäten. Auf Personal wie Maschinen zu beziehen.

Mitarbeiteranteile	$\frac{\text{Zahl der ...-Mitarbeiter}}{\text{Zahl der Vollzeit-Mitarbeiter}}$	Ermittelt die Anteile einzelner Mitarbeitergruppen an der Gesamtzahl der auf Vollzeitbeschäftigte umgerechneten Mitarbeiter. Beispielsweise für die Ermittlung des Anteils leitender Mitarbeiter, der Mitarbeiter in bestimmten Tarifgruppen, der Arbeiter usw.
Mitarbeitertreue	durchschnittliche Beschäftigungsdauer (bezogen auf Vollzeit-Mitarbeiter)	Indikator für die Mitarbeiterzufriedenheit und das Maß an firmenspezifischem Know-how der Mitarbeiter.
Anzahl Schulungen	durchschnittliche Seminar-/Schulungstage pro Mitarbeiter	Indikator für die Fortbildungsintensität und -bereitschaft der Mitarbeiter. Auch Indikator für die Motivation.
Leistung pro Arbeitnehmer	$\frac{\text{Gesamtumsatz/-menge}}{\text{Zahl der Mitarbeiter}}$	Ermittelt die Leistung pro Mitarbeiter. Wird oft für Effizienzvergleiche herangezogen. Umsatzbasis ist allerdings problematisch.
Zusatzpersonalanteil	$\frac{\text{Kosten für Zeitarbeiter/Berater/freie Mitarbeiter}}{\text{Gesamtpersonalkosten}}$	Indikator für Flexibilität des Personaleinsatzes und Kosten. Festangestellte Mitarbeiter sind kostengünstiger, aber weniger flexibel.

Tab. 10: *Personalkennzahlen*

Lernen und Entwicklung

Kennzahl	**Definition**	**Erklärung**
Mitarbeiterzufriedenheit	Zufriedenheitsindex bzw. Anteil zufriedener Mitarbeiter	Indikator für die Qualität der Führung und die Motivation der Mitarbeiter. Führt zu hoher Leistungsbereitschaft und geringer Fluktuation.
Mitarbeiterinvolvement	subjektiv zu definierender Index	Involvement misst das Engagement für das eigene Unternehmen. Hierzu zählen Arbeitseinsatz, Beteiligung an Aktionen, Kreativität.
Wissensstand	Ausmaß des vorhandenen Fachwissens (in % des angestrebten Niveaus)	Steuert vor allem die Verbreitung relevanten Wissens über die Ebenen. Dazu gehören Produktkenntnisse, Teilnahme an Fachveranstaltungen, Bildungsstand.
Innovationsverhalten	Zahl der Verbesserungsvorschläge pro Mitarbeiter und Jahr	Verbesserungsvorschläge sind Indikatoren innovativen Verhaltens. Problem: Interpretation ist abhängig vom Anreizniveau (Prämiensystem).
Stand Wissensmanagement	Ausbaustand des Wissensmanagements (in % des angestrebten Niveaus)	Erfasst z. B. den Aufbau der Wissensdatenbank, die Zahl der angeschlossenen Mitarbeiter, die Menge an verfügbaren Informationen.

Umfang der Kundendatenbank	Ausbaustand der Kundendatenbank (in % des angestrebten Umfangs)	Erfasst z. B. den Anteil der enthaltenen Kunden oder den Anteil der bereits berücksichtigten Kriterien.
Arbeitgeberattraktivität	$\frac{\text{Anzahl der Initiativbewerbungen}}{\text{Gesamtzahl der Bewerbungen}}$	Indikator für den Ruf des Unternehmens auf dem Arbeitsmarkt und damit den Zugang zu hoch qualifizierten Arbeitskräften.
Kundennähe	Anzahl der Kundenkontakte pro Mitarbeiter und Monat	Auch über die mit Kunden verbrachte Zeit zu definieren. Vor allem in Vertrieb, Marketing und Entwicklung wichtig.
Kommunikationsintensität	Anzahl der abteilungsübergreifenden Besprechungen	Indikator der Koordinationsintensität und -fähigkeit.
Marktdatennutzung	Umfang der Nutzung von Marktdaten	Schwer zu operationalisieren, weil unternehmensindividuell zu bestimmen. Deutet auf hohe oder zu geringe Marktorientierung hin.

Tab. 11: *Lern-/Entwicklungskennzahlen*

3.5 Sind die Kennzahlen konsistent ausgewählt?

Bei der Aufstellung der Kennzahlen für die einzelnen Perspektiven sind wie bereits oben angesprochen kausale Abhängigkeiten zu berücksichtigen. Das System ist nur dann sinnvoll, wenn Kennzahlen der Prozess- sowie Lern- und Entwicklungsperspektive auch einen Einfluss auf Finanz- und Kundenperspektive haben. Ansonsten ließe sich zwar durchaus ein Wandel bei den Prozessen steuern, mit den erwünschten Ergebnissen hätte dies aber wahrscheinlich wenig zu tun.

Das Beispiel in Bild 11 zeigt für eine Unternehmens-Scorecard die Auswirkungen eines Indikators der Lern- und Entwicklungsperspektive auf die anderen. Für den finanziellen Erfolg, gemessen in Kapitalrendite, wurden die Nutzung der Kundendatenbank sowie der Wissensstand der Mitarbeiter als wichtig erachtet. Geschieht dies kontinuierlich und intensiv, dann lässt sich durch die bessere Informationslage die Produktqualität verbessern. Es wird leichter, die Produkte so zu gestalten, dass sie den Anforderungen der Nachfrager entsprechen. Gleichzeitig ist mit einem Mengenwachstum zu rechnen, weil die Produkte aufgrund der höheren Qualität stärker nachgefragt werden und weil saisonale Nachfrageschwankungen besser berücksichtigt werden können. Die Datenlage verhindert somit die Nichtverfügbarkeit der Ware, die Lieferbereitschaft steigt.

Eine höhere Produktqualität bewirkt eine höhere Kundenzufriedenheit, die höhere Lieferbereitschaft ermöglicht zusätzliche Verkäufe. Beide Kriterien sind kundenorientierte Ziele und steigern letztlich über die zu erzielende Kundenbindung die Umsatz- und Kapitalrendite des Unternehmens.

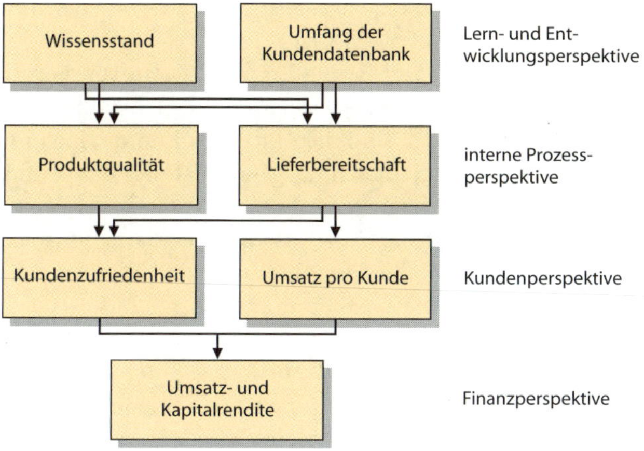

Bild 11: *Kausalzusammenhänge von Kennzahlen im Marketing*

Scorecard in einem Funktionsbereich

Sehen wir uns nun das Beispiel einer Scorecard im Marketing an. Hier ist zunächst auch zu überlegen, welche Perspektiven zum Einsatz kommen und ggf. wie diese benannt werden können. Wir nehmen vorweg, dass vier Perspektiven eingesetzt werden sollen. Bei dem Unternehmen handelt es sich um einen Lampenhersteller, der Lampen aller Art für Wohnungen und Gewerberäume herstellt.

Ausgangspunkt der Entwicklung sind sowohl die strategischen Ansätze als auch die branchenspezifischen Probleme. Der Hersteller hat beispielsweise mit einer hohen Nachfrage von mächtigen Handelskunden wie etwa Baumärkten zu kämpfen, die verstärkt unter ihrer Eigenmarke anbieten wollen bzw. Aktionsware ohne Markierung nachfragen. Wird dieser Tendenz zu stark nachgegeben, geht auch die Bekanntheit des Markennamens verloren.

Ein attraktiver Markt ist die Erstausrüstung von Gebäuden. Hier sieht man sich zwar einem höheren Wettbewerbsdruck gegenüber, doch sind die Auftragsvolumina hoch und Folgeaufträge wahrscheinlich. Insgesamt ist dies das profitabelste Vertriebssegment.

Intern spielen vor allem die Kosten für Reklamationsbearbeitung eine große Rolle. Der Austausch eines einzelnen defekten oder falsch gelieferten Produkts verursacht Kosten, die weit über dem Erlös liegen. Außerdem führt jeder Reklamationsfall zu Kunden*un*zufriedenheit und einer hohen Abwanderungswahrscheinlichkeit, weil im reinen Produktgeschäft wenig Möglichkeiten für eine Kundenbindung durch individuelle Leistungen bestehen.

Als Erstes soll nun die Finanzperspektive konkretisiert werden. Da aber, schließlich handelt es sich um eine Funktionsbereichs-Scorecard, kein direkter Einfluss auf die Unternehmensfinanzen besteht, wird sie Ergebnisperspektive genannt.

Auf der Grundlage dieser Informationen scheinen die folgenden Kennzahlen für die **Ergebnisperspektive** sinnvoll:

Ergebnisperspektive	Anteil der unter eigenem Namen verkauften Lampen
	Erlöse mit Erstausrüstungen von Gebäuden
	Reklamationskostenanteil
	DB II (Erlös – Herstellkosten – zurechenbare Vertriebskosten)

Hieraus lässt sich schon recht gut die strategische Ausrichtung des Herstellers ablesen: Neben klassischen Profitabilitätszielen sind es die Durchsetzung des Markennamens und die Stärkung des Erstausrüstergeschäfts. Vor allem sieht man auch, dass die Standardkennzahlen nicht ausreichen, um die Vielfalt der möglichen Ergebnisse abzudecken.

Nunmehr lassen sich die Kennzahlen der **Kundenperspektive** herleiten.

Kundenperspektive	Anteil der Handelskunden mit Eigenmarken
	durchschnittlicher Lieferanteil
	Kundenzufriedenheit (operativ)
	Kundenzufriedenheit (administrativ)
	durchschnittlicher Kundenwert

Die Kundenperspektive wurde hier allein schon zahlenmäßig aufgewertet. Hier wurde nun auch das Thema Markendurchsetzung berücksichtigt, indem der Anteil der Kunden, bei denen ein Bedrohungspotenzial besteht, gesteuert wird. Die grundsätzliche Bedeutung des Kunden wird über den Kundenwert erfasst. Hier machen sich beispielsweise die Bauunternehmen bzw. Bauherren bemerkbar. Die Kundenzufriedenheit, die auch wieder die Reklamationskosten beeinflusst, wird in zwei Teilen abgedeckt. Der Lieferanteil beim Kunden misst die Umsetzung der Strategie, die eigene Position im Vergleich zum Wettbewerb kontinuierlich zu stärken. Zu Fragen der Ermittlung kundenspezifischer Kennzahlen siehe Pocket Power Kundencontrolling.

Im nächsten Schritt ist nun zu analysieren, wie diese kundenbezogenen Resultate durch **Marketingmaßnahmen** erreicht werden können. Da die wesentlichen Herausforderungen im Bereich der großen Nachfrager zu sehen sind, muss die Logistik, das heißt ihre Schnelligkeit und Zuverlässigkeit, besonders berücksichtigt werden. Dafür werden der Lieferbereitschaftsgrad und die Lieferschnelligkeit in die Scorecard aufgenommen. Aus der internen Prozessperspektive machen wir die Maßnahmenperspektive, weil es nicht nur um Prozesse, sondern auch einfach um Entscheidungen geht.

Maßnahmen-perspektive	Produktentwicklungsdauer
	Lieferbereitschaftsgrad
	Lieferschnelligkeit
	durchschnittliche Kundenbesuchszeit

Die durchschnittliche Kundenbesuchszeit, hier nicht im Sinne einer Beschleunigung der Besuchstätigkeit, sondern im Sinne einer Intensivierung des Kontakts zu verstehen, misst die produktiv im Vertrieb, nämlich für den persönlichen Kontakt verbrachte Zeit. Schließlich werden die Innovationsfähigkeit und -effizienz über die Produktentwicklungsdauer kontrolliert.

Als Basis fehlt nun noch die **Informations- und Innovationsperspektive** (als Abwandlung der Lern- und Entwicklungsperspektive). Diese muss beispielsweise der Bedeutung der Logistik in der Maßnahmenperspektive Rechnung tragen, das heißt, es ist zu fragen, auf welcher Grundlage diese Anforderungen erfüllt werden können, ohne gleichzeitig die Deckungsbeiträge zu ruinieren. Insgesamt erscheinen die folgenden Kennzahlen sinnvoll:

Informations- und Innovationsperspektive	Anteil der geplanten Auslieferungen (das heißt der in Verträgen festgelegten Liefermengen)
	Umsatzanteil der Kunden mit vollständigem Profil (in der Kundendatenbank)
	Anzahl der systematischen Wettbewerbsvergleiche pro Jahr (Besuche im Handel, Produktvergleiche in der Entwicklungsabteilung, Benchmarkingprojekte usw.)
	Zahl der Verbesserungsvorschläge der Marketingabteilung pro Jahr

Inwieweit die Anforderung der Kausalität erfüllt wurde, lässt sich wiederum anhand eines Diagramms feststellen.

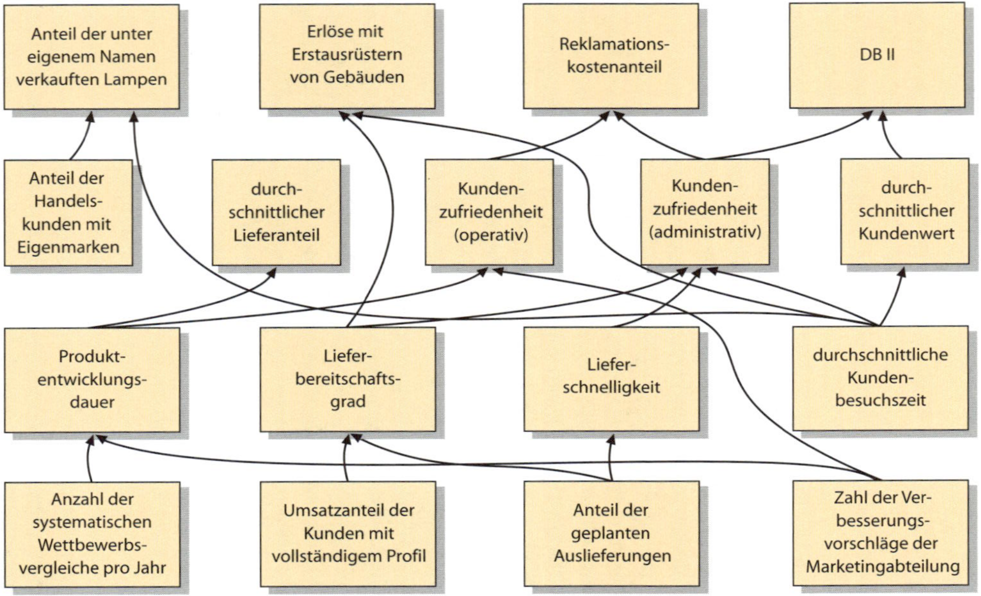

Bild 12: *Kausaldiagramm zu einer Marketing-Balanced-Scorecard eines Lampenherstellers*

3.6 Einführung einer Balanced Scorecard

Zurzeit kann das Potenzial einer Balanced Scorecard kaum hoch genug eingeschätzt werden. In den USA, wo das Konzept seit Beginn der neunziger Jahre eingeführt wird, wird von teilweise drastischen Ertragssteigerungen in Unternehmen mit Balanced Scorecard berichtet. Darüber darf jedoch nicht vergessen werden, dass die formelle Existenz einer Scorecard noch gar nichts bewirkt. Sie muss in Inhalt und Struktur der Unternehmenssituation entsprechen und vor allem auch von den Beteiligten akzeptiert und aktiv umgesetzt werden.

Dem Entwicklungsprozess kommt daher eine hohe Bedeutung zu. Er ist nicht im Rahmen eines Ein-Tages-Meetings zu absolvieren, wie schon im Überblick in Abschnitt 3.3 gezeigt wurde. Vielmehr dauert die vollständige Verankerung der Scorecard sowie der damit verbundenen Änderungen der Steuerungsprozesse ein halbes bis ganzes Jahr. Da teilweise ein ganzes Geschäftsjahr abgewartet werden muss, weil Jahresergebnisse benötigt werden, lässt sich über den Erfolg des Einsatzes einer Balanced Scorecard meist frühestens nach zwei Jahren etwas sagen.

Unterstützung des Top-Managements sichern

Gerade wegen der beabsichtigten Änderung von Prozessen, oft auch der Anreizsysteme, ist die Unterstützung der höchsten Ebene erforderlich, das heißt der Unternehmens- sowie Marketing- und Vertriebsleitung. Jeglicher Wandel im Unternehmen löst an bestimmten Stellen Widerstände aus, weil Gewohnheiten erhalten bleiben und Pfründe gesichert werden sollen. Nicht selten ist Mehrarbeit erforderlich, wird bisher Geleistetes und Gelerntes in Frage gestellt. Es entstehen neue Risiken für die Mitarbeiter und somit die Angst, den neuen Kriterien nicht gerecht werden zu können. In der Folge werden einzelne Kennzahlen in Zweifel gezogen oder wird gegen die Scorecard insgesamt vorgegangen.

Während die Prozessverantwortlichen dauerhaft zum Entwicklungsteam gehören, können Spezialisten fallweise hinzugezogen werden. Ebenso wird die Bereichsleitung überwiegend im Rahmen einer regelmäßigen Berichterstattung einbezogen. Aufgrund der erforderlichen Abstimmung von unter- mit übergeordneten Scorecards ist sinnvollerweise ein Führungskreis zu bestimmen, in dem die relevanten Ebenen mit mindestens einer Person vertreten sind, um auch im Rahmen der vorgeschlagenen Workshops kurzfristig eingreifen bzw. entscheiden zu können.

Projektkoordination

Für die Koordination des Projekts sollte eine von den Perspektiven unabhängige Persönlichkeit zuständig sein, die in der Lage ist, die genannten Widerstände zu überwinden, zwischen Einzelinteressen zu vermitteln und das Projekt voranzutreiben. Während auf Unternehmensebene neben Externen (Berater, Projektmanager, Coaches) beispielsweise Controller in Frage kommen, ist in den Funktionsbereichen eher an die Unterstützung durch Persönlichkeiten mit kreativer und kommunikativer Ausrichtung zu denken, wobei der fachliche Bezug weniger bedeutend ist. Im Zweifel sollte lieber eine Personalfachfrau im Einkauf mitwirken als im eigenen Bereich.

Entwicklungsmodell

Eine wesentliche Frage bei der Projektdurchführung ist die des verwendeten Entwicklungsmodells. Es ist äußerst unwahrscheinlich, dass im ersten Ablauf der „große Wurf" gelingt, eine vollständige und umsetzbare Balanced Scorecard entsteht, ohne Nachbesserungsaufwand zu verursachen. In der Regel kommt es zu laufenden Verbesserungen, wobei die Problemsituation umso schwieriger ist, je höher die Erwartungen an die Scorecard waren. Das Projekt sollte daher unbedingt in einzelne Stufen aufgeteilt werden, wobei zwei Ansätze zur Verfügung stehen:

Beim **Versionenkonzept** wird zunächst eine vollständige Scorecard entwickelt und „in der Realität" getestet, um dann aufgrund dieser Erfahrungen Verbesserungen vornehmen zu können. Dabei ist grundsätzlich klar, dass es sich am Anfang um Versionen handelt, nicht um ein endgültiges Ergebnis. Der Vorteil dieser Vorgehensweise sind die umfangreichen Möglichkeiten, Erfahrungen zu sammeln und in Verbesserungen umzusetzen, der Nachteil liegt in dem Anreiz, immer wieder Änderungen zu verlangen und auch vorzunehmen, oftmals zur Durchsetzung eigener Interessen, und somit das Stadium der Entwicklung nie zu verlassen.

Beim **Phasenkonzept** wird zunächst eine Perspektive realisiert und eingesetzt. Das Ergebnis soll prinzipiell endgültig sein, das heißt, nicht als eine unfertige Version auftreten. Da erst nur eine Perspektive entwickelt wird, ist die Komplexität des Projekts geringer und es kann mehr Zeit für Detailfragen aufgewendet werden. Bewährt sich dieses Kennzahlensystem, wird die nächste Perspektive realisiert, wobei Erfahrungen aus der vorhergehenden berücksichtigt werden können. Zudem lässt sich das Augenmerk der Beteiligten im Tagesgeschäft gezielt auf die Kausalbeziehungen zwischen den Perspektiven lenken. Nachteilig ist bei dieser Vorgehensweise die meist lange Zeitspanne, bis ein überschaubares Ergebnis für alle Perspektiven vorliegt.

Zusammenfassend muss der **Managementprozess** der Einführung einer Balanced Scorecard folgende Elemente berücksichtigen:

- Sicherstellung der Unterstützung durch das Top-Management (Gesamtunternehmen und Bereichsleitung),
- Einbindung der Top-Management-Ebene in wichtige Phasen des Entwicklungsprozesses (Bildung des Führungskreises),
- Information und Schulung der Entscheidungsträger und sonstigen Beteiligten über die Balanced Scorecard (z.B. durch ein Kick-off-Meeting),
- Auswahl geeigneter Projektleiter und frühzeitige Einbindung in die Vorbereitungen,
- Training von Moderatoren für die Vermittlung und Umsetzung in den einzelnen Abteilungen (als Moderatoren kommen Fach- und Führungskräfte in den betroffenen Bereichen in Frage),
- Einhaltung des festgelegten Reviewprozesses gemäß dem gewählten Projekt-Konzept,
- Weitergabe der gewonnenen Erfahrungen und Anregungen innerhalb des eigenen Entwicklungsprozesses und für weitere Scorecard-Projekte im Unternehmen sowie
- Sicherstellung der Abstimmung mit anderen Funktionsbereichs-Scorecards und der Corporate Scorecard.

4 Beispiele für Balanced Scorecards

4.1 Entwicklung einer Unternehmens-Scorecard für einen Dienstleister

An dieser Stelle soll nun anhand eines Beispiels im Zusammenhang gezeigt werden, wie eine Balanced Scorecard auf Unternehmensebene entwickelt wird. Dabei wird auf das Prozessschema aus Kapitel 3.3 zurückgegriffen. Das Beispielunternehmen ist ein Gebäudedienstleister. Er ist in den Bereichen Gebäudereinigung, Gartenbau, Bewachung von Gebäuden und Verpflegung mit kleinen Kantinen sowie Automaten tätig.

1. Bestimmung der Unternehmensvision, von Zielen und Strategien

Teilnehmer: Geschäftsführung komplett, Projektleitung durch zentrale Controllerin, Bereichsleiter entfallen, weil sie Mitglieder der Geschäftsführung sind.

Als Vision des Unternehmens wird definiert:
„Wir sind der zuverlässige Partner für alle Belange des Managements von Gebäuden."
Die Ziele der nächsten Jahre sind:
- Bereitstellung eines Fullservice-Angebots für mittelständische Unternehmen,
- Schaffung einer umfassenden Bekanntheit für Zuverlässigkeit (insbesondere das eingesetzte Personal betreffend),
- Erzielung eines jährlichen Umsatzwachstums von 15 %,
- Durchsetzung von jährlichen Preiserhöhungen von 1 % über den tariflichen Lohnerhöhungen und

- Ausbau der Tätigkeit für Produktionsbetriebe (inkl. Betreuung von Produktionsgebäuden).

Auf eine separate Strategieentwicklung wird verzichtet, weil die Ziele bereits sehr strategienah definiert sind und die Aktionsparameter in der Branche recht eingeschränkt sind.

2. SWOT-Analyse

Die Projektleiterin erarbeitet mit der Marketingleiterin sowie vier weiteren Mitarbeitern aus verschiedenen Bereichen, die jeweils von der Geschäftsführung benannt wurden, eine Stärken-Schwächen-Chancen-Risiken-Analyse. Dabei werden die folgenden wesentlichen Merkmale festgestellt:

Stärken:

- regionale Orientierung führt zu engerem Kontakt mit den Kunden,
- die eher geringe Größe des Unternehmens wird gegenüber den bundesweiten Wettbewerbern als sympathisch angesehen und
- flexible Organisation und motivierte Mitarbeiter.

Schwächen:

- eingeschränkte Kapitalkraft,
- bislang vielfach unterdurchschnittliche Preise und
- hoher Anteil reiner Reinigungsaufträge.

Chancen:

- Interesse an Outsourcing des Gebäudemanagements ist groß,
- Angebotsspektrum ist bislang nicht ausgenutzt und
- geringere Personalkosten und höhere Personalflexibilität sind durch Liberalisierung des Arbeitsmarktes möglich.

Risiken:

- Markteintrittsbarrieren sind vergleichsweise niedrig,
- bundesweite Anbieter sind kapitalkräftiger und können ggf. Preise unterbieten und
- prinzipiell hohe Abhängigkeit von zuverlässigem Personal.

3. Bestimmung der Erfolgsfaktoren

Die gleiche Gruppe erstellt nun eine Liste mit Erfolgsfaktoren, die dann für die Auswahl der Kennzahlen eine Grundlage sein soll:

- umfangreiches Angebot für die Kunden,
- persönlicher Kontakt zu Entscheidungsträgern,
- genaue Auswahl des eingesetzten Personals,
- keine Fälle von Diebstahl oder Leistungsausfall beim Kunden (Null-Fehler-Politik) und
- geringe interne Kosten durch einfache und zuverlässige Abläufe.

Die SWOT-Liste und die Erfolgsfaktoren werden an verschiedene Mitarbeiter in den einzelnen Abteilungen weitergegeben mit der Bitte, ggf. eigene Ideen zu ergänzen. Sie wird von der Projektleiterin eingesammelt, es ergeben sich jedoch keine wesentlichen Neuerungen.

4. Bestimmung der Perspektiven für die Balanced Scorecard

Die Projektleiterin reicht die offizielle SWOT- und Erfolgsfaktorenliste an die Geschäftsführung weiter und lädt zur Sitzung für die Perspektivenbestimmung ein. Da bislang alles reibungslos gelaufen und mit einem schnellen Ergebnis zu rechnen ist, setzt sie eine kleine Besprechung für Freitag 15 Uhr an (Controller können gemein sein, nicht wahr?). Zusätzlich soll ein Mitarbeiter aus der Personalverwaltung dabei sein, weil es sich um einen zentralen Bereich handelt, der von der Scorecard-Einführung stärker betroffen sein wird. Sie hat bereits selbst einen Vorschlag erstellt.

Grundsätzlich besteht unter den Beteiligten Einigkeit darüber, dass es eine Finanz- und Kundenperspektive wie im klassischen Modell geben soll. Die Basis soll eine Lernperspektive darstellen. Bei den Prozessen stellt sich eine deutliche Trennung von internen und externen heraus, das heißt Verwaltungsprozessen wie Abrechnung, Akquisition usw., und den Leistungen des eingesetzten Personals bei den Kunden. Die Zahl der möglicherweise einzusetzenden Kennzahlen dürfte groß werden, so dass zwei getrennte Perspektiven vorgeschlagen werden.

Das Perspektivenschema sieht damit wie in Bild 13 gezeigt aus.

5. Für untergeordnete Scorecards: Übersetzung von Zielgrößen der Unternehmens- für die untergeordnete Scorecard

Beim letzten Treffen wurde zwar darüber geredet, in den einzelnen Abteilungen separate Scorecards einzuführen. Eine Entscheidung darüber wurde aber vertagt, um erst einmal mit der Unternehmens-Scorecard Erfahrungen zu sammeln. Deswegen passiert hier zurzeit nichts.

6. Auswahl und Definition der einzelnen Kennzahlen

Die Projektleiterin geht nun an die umfangreichste Aufgabe. Sie stellt in einem vierseitigen Papier die bisherigen Er-

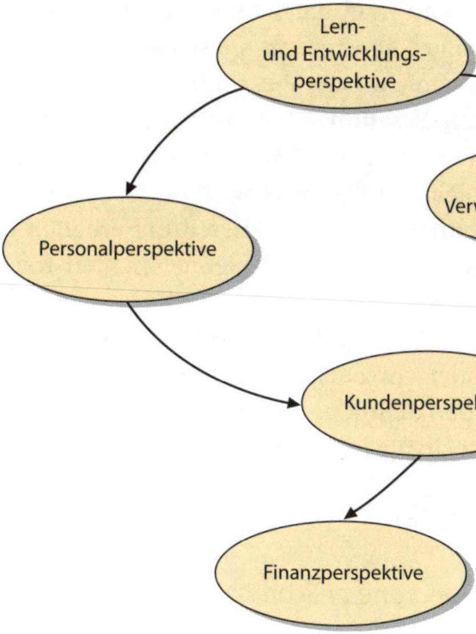

Bild 13: *Perspektiven der Scorecard für einen Gebäudedienstleister*

gebnisse und die Zielsetzung der Balanced Scorecard dar. Dieses schickt sie an alle Abteilungsleiter mit der Aufforderung, innerhalb eines Monats Vorschläge für Kennzahlen im eigenen und in den anderen Bereichen zu entwickeln. Damit soll verhindert werden, dass für den eigenen Bereich nur erwünschte, „harmlose" Größen vorgeschlagen werden. Für die anderen Bereiche sind sie naturgemäß etwas ambitionierter, schließlich müssen es ja die anderen richten.

In den angesprochenen Abteilungen sind die jeweiligen Leiter dafür verantwortlich, ggf. eigene Projektleiter zu bestimmen oder die Auswahl selbst zu koordinieren. Die Controllerin nimmt während des Monats regelmäßig Kontakt mit den Abteilungen auf und fragt nach dem Fortschritt der Arbeiten. In einigen Fällen übernimmt sie selbst die Moderation und hilft bei Fragen zur Datenbeschaffung.

Nach Ablauf der Frist sammelt sie die Entwürfe und lädt zur abschließenden Sitzung der Abteilungsleiter ein. Die Geschäftsführung bleibt außen vor, weil mit langwierigen Diskussionen zu rechnen ist. Zur Vorbereitung erhalten die Teilnehmer eine vollständige Liste der eingereichten Kennzahlenvorschläge.

Die Auswahlbesprechung verläuft erwartungsgemäß kontrovers. Das Niveau der Vorschläge ist unterschiedlich, Partikularinteressen werden deutlich. Vor allem zeigt sich, dass es leichter fällt, Vorschläge für die Steuerung einer anderen Abteilung zu machen.

Am Ende entsteht folgende Scorecard (Bild 14).

7. Ableitung untergeordneter Scorecards

Wie bereits erwähnt, passiert hier zunächst nichts.

8. Implementierung der Balanced Scorecard

Da das Unternehmen im Großen und Ganzen recht übersichtlich ist, soll die Scorecard in einem Gang implementiert werden. Dabei werden anfängliche Ungenauigkeiten sowie diverse Nachbesserungen in Kauf genommen. Die prinzipielle Verantwortung liegt bei der Zentralcontrollerin. Bis die Scorecard in das betriebliche Berichtssystem integriert ist, sind die betroffenen Abteilungsleiter für die Meldung der jeweiligen Werte verantwortlich. Dieser Vorgang soll sukzessive automatisiert werden.

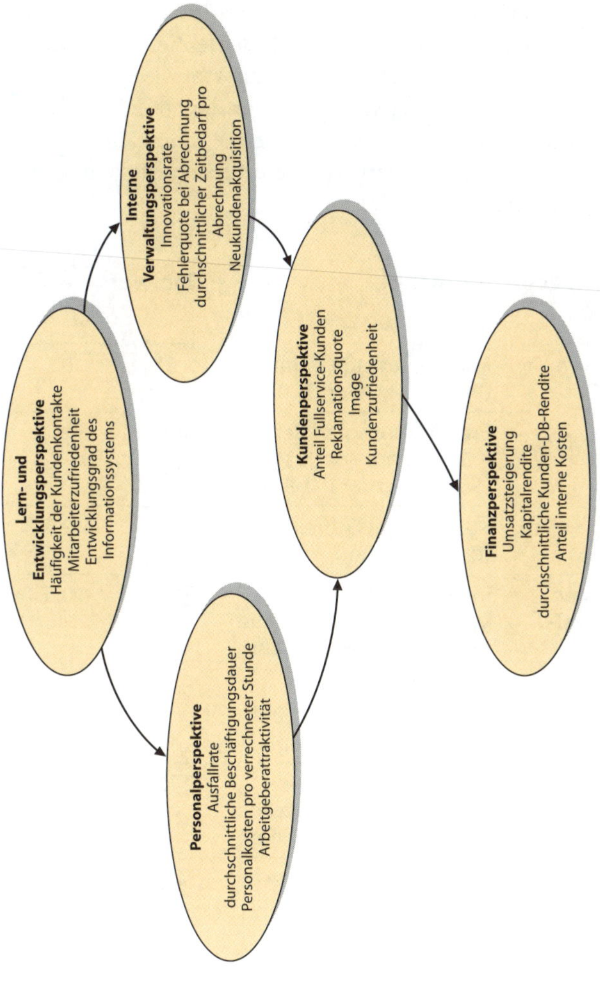

Bild 14: *Balanced Scorecard eines Gebäudedienstleisters*

Die Projektleiterin erstellt eine „Eröffnungs-Scorecard", die von der Geschäftsführung gewünschte Zielvorgaben enthält. Nach einem Vierteljahr sollen die Werte erstmals kontrolliert und ggf. angepasst werden. Für diesen Zeitpunkt soll auch die Möglichkeit bestehen, einzelne Kennzahlen auszutauschen, sofern erforderlich. Diese Scorecard sieht wie in Tab. 12 gezeigt aus.

Perspektive	Kennzahl	Zielwert	Ist
Lernen	Mitarbeiterzufriedenheit (Index, max. Wert 100)	> 85	83
	Entwicklungsgrad des Informationssystems (Schätzung der IT-Leitung)	40 %	20%
	Kundenkontakthäufigkeit (pro Kunde und Jahr)	Ø 1,8x	2,4x
interne Verwaltung	Innovationsrate (Anzahl Verbesserungsvorschläge pro Mitarbeiter und Jahr)	≥0,8	0,5
	Fehlerquote bei der Abrechnung (Anteil fehlerhafter Abrechnungen)	≤0,6%	1,9%
	Neukundenakquisition (persönliche Kontakte mit potenziellen Neukunden)	≥15	12
	Ø Zeitbedarf pro Abrechnung	40 Min.	52 Min.

Tab. 12: *Beispiel einer Balanced-Scorecard-Auswertung*

Perspektive	Kennzahl	Zielwert	Ist
Personal	Ausfallrate (Häufigkeit des Nichterscheinens am Einsatzort)	≤1,4%	1,8%
	Ø Beschäftigungsdauer	≥3,2 Jahre	2,9 Jahre
	Arbeitgeberattraktivität (Einschätzung der Personalbeschaffung, 1 = sehr gut bis 5 = sehr schlecht)	2,3	2,4
	Personalkosten pro verrechneter Stunde	≤11 €	11,6 €
Kunden	Anteil Fullservice-Kunden (mind. 3 Leistungsbereiche)	≥25%	14%
	Reklamationsquote	≤4,8%	3,2%
	Image (Ergebnis im Rahmen einer Unternehmensbefragung)	„Zuverlässigkeit"	offen
	Kundenzufriedenheit (Anteil zufriedener/sehr zufriedener Kunden)	≥90%	87%
Finanzen	Umsatzsteigerung	15%	9%
	Kapitalrendite (bezogen auf Gesamtkapital)	≥13%	13%
	Ø Kunden-DB-Rendite (bezogen auf Kundenumsatz)	35%	38%
	Anteil interne Kosten	≤18%	22%

Tab. 12: *Beispiel einer Balanced-Scorecard-Auswertung (Fortsetzung)*

Auf der Grundlage dieser ersten Ergebnisse werden Gegensteuerungsmaßnahmen beschlossen:

Prinzipiell muss festgestellt werden, dass die Zielvorgaben in den meisten Bereichen nicht erreicht wurden. Zwar sind nicht alle Abweichungen gravierend, es muss jedoch eine Prioritätenliste für Gegensteuerungsmaßnahmen erstellt werden.

Managementaufgabe Gegensteuerung

Das Balanced-Scorecard-Konzept sieht vor, die Aufmerksamkeit des Managements auf diejenigen Bereiche zu lenken, in denen die Leistung (noch) besonders schlecht ist. Je größer die Abweichung, desto größer die Aufmerksamkeit. Bereiche, in denen man sich „auf Kurs" befindet, können sich alleine weiterentwickeln. Dadurch können die Managementkapazitäten dort konzentriert werden, wo sie am ehesten gebraucht werden. Damit verbunden ist auch die Budgetverwendung. Budgets sollen auch gezielt dorthin umgelenkt werden, wo gegenzusteuern ist. Abteilungen, die sich nach Plan entwickeln, müssen mit Kürzungen rechnen.

Als Ausgangsbasis für die Prioritätensetzung kann ein Spinnennetzdiagramm wie in Bild 15 erstellt werden. Die genaue Bestimmung des Ausmaßes der Abweichung ist zwar aufgrund der unterschiedlichen Bezugssysteme (Geldeinheiten, subjektive Einschätzung, Zeiteinheiten usw.) schwierig. Es lässt sich aber zumindest schätzen, in welchem Maße etwa die Ziele erreicht wurden und dies in der Übersicht darstellen. Auf den ersten Blick lässt sich erkennen, wo Schwerpunkte der Gegensteuerung zu setzen sind.

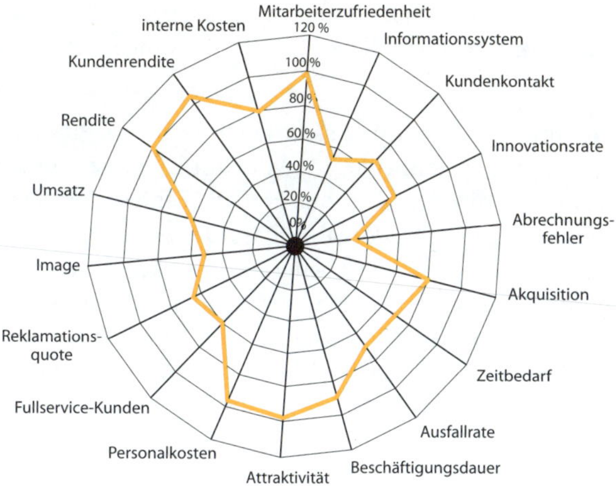

Bild 15: *Spinnennetzdiagramm einer Scorecard-Auswertung*

Für den Dienstleister stehen folgende Aktionen obenan:

- Ursachenanalyse, warum das Informationssystem nicht planmäßig ausgebaut wird. Ggf. Erweiterung des Budgets, Stellung zusätzlicher Personalkapazitäten oder konzeptionelle Änderungen. Verantwortlich: IT-Abteilung.
- Verringerung der Kontakthäufigkeit mit Kunden. Außendienst muss genauer planen, wann welcher Kundenbesuch erforderlich ist. Ggf. müssen konkrete Besuchsrhythmen vorgegeben werden. Auf Unterschiede zwischen Kunden/Kundenarten/Außendienstlern ist zu achten. Verantwortlich: Vertriebsleitung.

Da gleichzeitig die Neukundenakquisition unter Plan verläuft, können die Vertriebskapazitäten entsprechend umgelenkt werden. Es liegt die Vermutung nahe, dass aus Bequemlichkeitsgründen eher Bestandskunden kontaktiert werden.

- Die interne Verwaltung stellt einen weiteren Problembereich dar. Der Zeitbedarf für eine Kundenabrechnung liegt um zwölf Minuten über dem Ziel, die Fehlerquote liegt sogar weit über der Vorgabe. Dies deutet auf mangelnde Kenntnisse der Sachbearbeiter hin, eine schlechte Organisation oder vielleicht die noch fehlende Unterstützung durch das Informationssystem (s. o.). Letztlich schlägt sich dies auch auf die internen Kosten durch, die einen um vier Prozentpunkte höheren Anteil haben. Zuständig ist die Verwaltungsleitung.
- Auf Kundenseite besteht ein weiteres Manko in der Kundenstruktur. Angestrebt wird ein Anteil der Fullservice-Kunden von mindestens einem Viertel, tatsächlich werden nur 14 % erreicht. Auch aus dieser Sicht ist Einflussnahme auf den Vertrieb erforderlich.
- Etwas weniger wichtig sind die Beseitigung der Abweichungen bei der Innovationsrate (hier könnte der Ausbau des innerbetrieblichen Vorschlagswesens sinnvoll sein), die Steigerung der Kundenzufriedenheit (der erreichte Wert ist aber schon erfreulich), der Mitarbeiterzufriedenheit (auch hier ist das Ergebnis nicht schlecht) und der Beschäftigungsdauer. Die Personalkosten liegen über dem Zielwert, hier muss aber gleichzeitig an Mitarbeiterzufriedenheit und Beschäftigungsdauer gedacht werden. Eine Senkung der durchschnittlichen Löhne würde bei den anderen Kennzahlen zu Einbußen führen, so dass ein vorsichtiges Agieren sinnvoll ist.

Damit ergibt sich als kurzfristiger Aktionsplan:

- Klärung der Gründe für den schlechten Entwicklungsstand beim Informationssystem,
- Anweisung an den Vertrieb, den Einsatz der Außendienstmitarbeiter genauer auf die Zielsetzungen auszurichten,
- Klärung der Gründe für Fehler und Verzögerungen bei der Abrechnung und sofortige Einleitung geeigneter Maßnahmen.

Aufgrund dieser recht klaren Aussagen soll kurzfristig nichts an der Kennzahlenstruktur geändert werden. Es zeigt sich, wie gerade bei den Schwachstellen die Zusammenhänge sind, so dass die Kausalbeziehungen bestätigt werden. Die Steuerungsgröße Image wurde bislang nicht eingesetzt, weil hierzu in größeren Abständen Erhebungen erforderlich sind. Hier wird zu klären sein, wie die zu gewinnenden Erkenntnisse operativ umgesetzt werden können.

4.2 Beispiel einer Balanced Scorecard für eine Unternehmensgründung

Die Balanced Scorecard wurde bislang vorwiegend als Instrument für Unternehmen angesehen, die Ziele definiert und Strategien entwickelt haben und diese nun umzusetzen versuchen. Was aber, wenn Ziele und Strategien diffus sind und permanent hinterfragt werden? Das Unternehmen noch so neu ist, dass keinerlei Erfahrungen vorliegen? Lässt sich die Scorecard dann auch einsetzen?

Wenn man sich ansieht, wie flexibel die BSC auf einzelne Situationen anwendbar ist, dann ist die Frage schnell beantwortet. Sie kann auch dann eingesetzt werden, wenn die Unternehmenspolitik im Wesentlichen von der Existenzsicherung abhängt und damit das kurzfristige Überleben wichtiger ist als eine langfristige Positionierung am Markt. Es kommt nur darauf an, die wesentlichen Ziele zu kennen und zu definieren. Eine Scorecard ist keine Existenzgründungsberatung, kann aber von denen eingesetzt werden, die ihren Betrieb gerade erst gestartet haben.

Ein neu gegründetes Unternehmen verfügt kaum über feste Strukturen und Abteilungen, die in einem Steuerungssystem abgebildet werden müssen. Es ist in aller Regel noch sehr klein und überschaubar, oft nur aus dem Gründer bestehend. Für diesen stellt sich jedoch oft die Frage, wie er Geschäftliches und Privates trennen soll. Gründer können (und wollen) private und geschäftliche Aktivitäten nicht so gerne abgrenzen wie angestellte Manager. In Krisensituationen werden sie sich aber mit der Frage auseinandersetzen, ob sie zu viel für das Unternehmen oder zu viel für das Privatleben gemacht haben. Und das ist immer noch besser, als wenn es der Partner macht.

Was ist für einen Gründer wichtig? Das Finanzielle spielt eine Rolle, aber meist auf eine besondere Art und Weise. Ob die Rendite im ersten Jahr bei fünf, zehn oder 20 Prozent liegt, spielt kaum eine Rolle. Wichtiger ist es, eventuelle Kredite zu tilgen und genug Überschüsse für den Lebensunterhalt zu haben. Gewinne sind am Anfang nicht unbedingt zu erwarten. Aber der Gründer muss leben und Kreditgeber ruhigstellen können. Insofern stehen die Tilgung von Krediten und ausreichende Mittel für den Lebensunterhalt im Vordergrund. Dies gilt zumindest dann, wenn das Unternehmen nicht aus dem Ersparten heraus finanziert wurde.

Kunden in Kundengruppen zu unterteilen lohnt sich meist noch nicht, weil einfach die Masse fehlt. Profitable Kunden zu haben mag schön sein, aber auch ein unprofitabler kann wertvoll sein, wenn er wenigstens als Referenz dient. Für einen Gründer sind Referenzen meist wichtiger als Deckungsbeiträge. Im Laufe der Zeit wird sich das ändern bzw. sollte es. Dann könnte es sinnvoll sein, die Scorecard entsprechend anzupassen.

Die Geschäftsprozesse sind in einem neu gegründeten Unternehmen alles andere als ausgefeilt. Alles muss sich erst einspielen, eine Auslastung ist auch nicht unbedingt gewährleistet. Zudem ist es anfangs wichtig, Kunden zu akquirieren. Diese Tätigkeit ist daher genauso in der Scorecard abzubilden wie die eigentliche Leistungserstellung.

Sehen wir uns nun das Beispiel eines Gründers an, der Webseiten erstellt und betreut. Er will sich durch sehr spezifische Kenntnisse auch als Dienstleister für große Unternehmen profilieren. Sein Startkapital besteht zum Teil aus einem Bankkredit, für den monatliche Raten anfallen. Nicht zuletzt hat er sich vorgenommen, das Privatleben nicht zu vernachlässigen, und will idealerweise nicht mehr als 55 Stunden pro Woche arbeiten.

Die Situation erfordert keine besondere **Auswahl von Perspektiven,** die Standards sind hier gut geeignet. Der Gründer beschreibt seine Strategie auf Anfrage gern mit „Überleben". In **finanzieller Hinsicht** sind die Verpflichtungen gegenüber der Bank wichtig. Deswegen muss der Zins auf jeden Fall und, wenn irgend möglich, auch eine Tilgung gezahlt werden. Sein Ziel ist es, monatlich 800 Euro hierfür zu erwirtschaften. Weiterhin interessiert der Umsatz. Er ist das Kriterium für Wachstum, aber auch die Grundlage für Gewinnerzielung. Das Umsatzziel kann kontinuierlich angepasst werden, um den Wachstumsprozess des Betriebs abzubilden.

Da die Finanzierungssituation eine Herausforderung darstellt, spielt der schnelle Eingang von Zahlungen eine Rolle.

Deswegen wird das durchschnittliche Zahlungsziel mit in die Finanzperspektive aufgenommen. Und da das Unternehmen eine Einzelunternehmung ist und der Gründer davon leben will, muss auch eine Privatentnahme möglich sein. Sie vervollständigt die Perspektive.

Im Anschluss geht es um die Herkunft der Mittel, das heißt die **Kunden.** Der Gründer sucht besonders Kunden, mit denen er um andere Kunden werben kann. Insofern ist eine Zielgröße die Zahl der Referenzkunden. Weiterhin soll das Potenzial der vorhandenen Kunden ausgeschöpft werden, nicht zuletzt sollten sie über ein möglichst hohes Umsatzpotenzial verfügen. Dafür wird die Kennzahl Umsatz pro Kunde verwendet. Eine weitere Grundlage für das Wachstum sind neue Kunden. Ob sie gewonnen werden können, wird durch die Zahl der Neukunden (auf Jahresbasis) gemessen. Zu einem späteren Zeitpunkt, wenn der Kundenstamm angewachsen ist, kann sie als Neukundenanteil definiert werden.

Schließlich soll noch ein Klassiker der Kundenperspektive eingesetzt werden, der Empfehlungskundenanteil. Dieser soll als Indikator für die Kundenzufriedenheit verwendet werden, ohne dass der Aufwand einer umfangreichen Befragung erforderlich wird. Kunden kommen auf Empfehlung zufriedener Kunden und sind vor allem auch solche, die ohne Akquisitionsaufwand gewonnen wurden.

In der **Prozessperspektive** soll aufgrund der Gründungssituation die Akquisition von Kunden berücksichtigt werden. Der Gründer weiß, dass er lieber Webseiten erstellt, als dass er potenzielle Kunden anspricht. Also soll durch die Messgröße Akquisitionsgespräche sichergestellt werden, dass er sich aufrafft, auf Unternehmen zuzugehen. Die andere Möglichkeit, an Aufträge zu kommen, sind Anfragen von Interessenten. Sie können durch Präsenz in Fachmedien, eine gut gestaltete eigene Webseite oder Recherche in Verzeichnissen entstehen. Die Effizienz dieser Kommunikationsmaßnahmen wird über die Zahl der Anfragen kontrolliert. Der Bereich Akquisition ist somit durch zwei Kennzahlen berücksichtigt.

Die Qualität der Leistung wird über den Anteil erfolgreicher Projekte gemessen. Diese Kennzahl mag ebenso problematisch erscheinen wie eine allgemeine Qualitätsdefinition für Dienstleistungen. Die Anforderungen sind unterschiedlich, Projekte können sich auf einzelne Stunden oder Monate beziehen. Daher soll eine Größe verwendet werden, die schnell eine Rückmeldung von den Kunden ergibt. Im Zweifel bietet es sich an, all die Projekte zu zählen, die zum vereinbarten Preis abgerechnet werden. Ist eine Teilleistung nicht erbracht worden oder der Kunde unzufrieden, spiegelt sich dies häufig in einer Reduzierung des Rechnungsbetrags.

Neben der Qualität soll auch die Auslastung analysiert werden. Die bisher gewählten Kennzahlen in der Prozessperspektive betonen die Vertriebsaktivitäten. Es soll aber auch um die Arbeitsmenge gehen, schließlich bestehen finanzielle Verpflichtungen. Leicht zu erfassen sind die abgerechneten Stunden pro Monat.

In der **Lern- und Entwicklungsperspektive** sind nun die Grundlagen für die Leistungserstellung zu legen. Dabei soll auch die private Situation über eine Zielvorgabe für die durchschnittliche Arbeitszeit betrachtet werden. Die Bedeutung der eigenen Webseite für die Akquisition wurde schon angesprochen. In dieser Perspektive soll über die Kennzahl Clicks auf der Webseite die Aufrechterhaltung und Steigerung der Attraktivität der Webseite abgebildet werden. Das heißt, es entsteht auch ein gewisser Druck auf den Gründer, sich um dieses Instrument zu kümmern.

Um dem fachlichen Anspruch dauerhaft zu genügen, erscheint die regelmäßige Teilnahme an Seminaren sinnvoll. Entsprechend gibt es eine Kennzahl zu den besuchten Seminaren innerhalb einer Periode. Schließlich soll noch der eigene Angebotsumfang gesteuert werden. Dies ist grundsätzlich schwer zu operationalisieren, weil die Tätigkeit des Gründers weitgehend intellektuell ist. Eine Näherungsgröße ist aber immerhin der Umfang angebotener Funktionen und Leistungen.

Die grundlegende Struktur der Scorecard ist damit auf der Basis der Problemsituation gelegt. Die Zielsetzung und die ausgewählten Kennzahlen können nun genauer definiert und in das bekannte Schema eingetragen werden. Da mit kontinuierlichen Änderungen aufgrund des Geschäftsverlaufs gerechnet wird, werden die Ziele auf Monatsbasis definiert. In einem etablierten Unternehmen böte sich oft die Jahresbasis an.

Finanzperspektive

Zielsetzung	**Kennzahl**	**Zielwert**
Bankverpflichtung erfüllen	Zins- und Tilgungszahlung	800 €
Lebensunterhalt (mit)finanzieren*	Privatentnahme	400 €
Unternehmenswachstum	Umsatz	8000 €
Liquidität erhalten	durchschnittliches Zahlungsziel	16 Tage

* Hier sind nur Leistungen relevant, die im Rahmen der Unternehmenstätigkeit erbracht und privat genutzt werden.

Tab. 13: *Finanzperspektive*

Kundenperspektive

Zielsetzung	**Kennzahl**	**Zielwert**
Kunden gewinnen, Renommee steigern	Zahl der Referenzkunden (Bestand)	4
Kunden gewinnen	Anzahl Neukunden (Jahresbasis)	3
Kundenpotenzial ausschöpfen	Umsatz pro Kunde	15000 €*
Kundenzufriedenheit	Empfehlungskundenanteil	30%

* Dieser Wert bezieht sich auf die gesamte Dauer der Kundenbeziehung. Er kann sich aus verschiedenen kleinen Umsätzen zusammensetzen. Deswegen ist eine monatliche Erfassung hier nicht sinnvoll.

Tab. 14: *Kundenperspektive*

Prozessperspektive		
Zielsetzung	**Kennzahl**	**Zielwert**
Kunden gewinnen	Zahl der Akquisitionsgespräche	6
attraktiv sein für Kunden	Zahl der Anfragen	6
Auslastung steigern	Zahl der abgerechneten Stunden*	100
qualitativ hochwertige Leistungen erstellen	Anteil wie vereinbart abgerechneter Projekte	100%

* Dieser Wert entspricht keineswegs der Gesamtleistung des Gründers. So muss er Zeit für die Akquisition, Verhandlungen mit Kunden, Weiterbildung und Verwaltung aufwenden. Eine zu hohe Zielvorgabe kann zwar kurzfristig zu mehr produktiver Arbeit anregen, wird jedoch strategische Aufgaben in den Hintergrund drängen und sich durch rückläufiges Neugeschäft rächen.

Tab. 15: *Prozessperspektive*

Lern- und Entwicklungsperspektive		
Zielsetzung	**Kennzahl**	**Zielwert**
Internetpräsenz nutzen	Zugriffe auf die Webseite	600
Weiterbildung	Seminartage pro Jahr	7
Leistungsangebot	Anzahl angebotener Leistungen*	6
Engagement	durchschnittliche Arbeitszeit gesamt**	210

* Hier muss entschieden werden, wie sich der Unternehmer gegenüber Kunden vermarktet. Eine Möglichkeit besteht darin, Funktionen zu definieren, die angeboten werden, etwa Beratung zur Ergonomie, kreative Gestaltung, Programmierung von Zahlungsverkehrsmodulen, Erstellung von Flash-Präsentationen usw. Diese Angebote werden nie gleichgewichtig sein, sodass die Gesamtzahl nur eingeschränkt aussagekräftig ist. Vielmehr geht es darum, auf eine Weiterentwicklung des Leistungsangebots hinzuwirken. Dies kann auch zur Zusammenarbeit mit anderen Personen führen.

** Diese Vorgabe ist keineswegs als Minimum zu verstehen. Es geht auch um die Einhaltung der allseits beliebten Work-Life-Balance. Ein deutliches Überschreiten dieses Ziels bedeutet gleichzeitig eine erhebliche Einschränkung des Privatlebens. Dadurch kann wiederum die geschäftliche Leistungsfähigkeit behindert werden.

Tab. 16: *Lern- und Entwicklungsperspektive*

Ob die Kennzahlen in ihrem Zusammenspiel geeignet sind, lässt sich nun durch ein Kausaldiagramm feststellen. Es ergibt sich Bild 16.

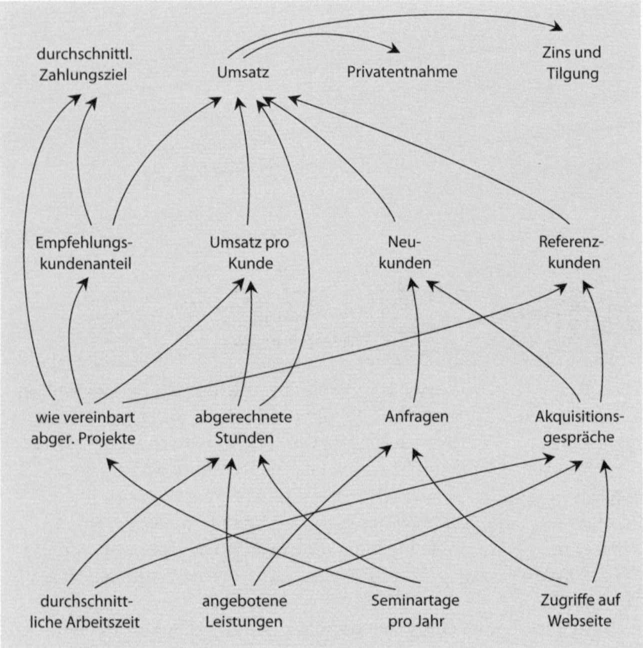

Bild 16: *Kausaldiagramm zur Balanced Scorecard eines neu gegründeten Unternehmens*

Die Vernetzung der Kennzahlen untereinander ist sehr gut. Die Finanzperspektive ist insofern originell, als sich hier zwei Anhängsel des Umsatzes finden, die mit der besonderen Unternehmenssituation zu tun haben. Alternativ hätte auch ganz klassisch der Gewinn als Zielgröße enthalten sein können. Die Gründe dafür wurden oben bereits genannt.

Im Laufe der (hoffentlich erfolgreichen) **Entwicklung des Unternehmens** wird es erforderlich sein, die Scorecard anzupassen. In dieser Version ist sie auf einen Einzelunternehmer in der Gründungsphase abgestimmt. Im Laufe der Jahre werden wahrscheinlich Mitarbeiter hinzukommen, konkrete Strategien entwickelt, wird Kapital investiert und die Kostenstruktur genauer betrachtet.

Beispielsweise könnte in der Lern- und Entwicklungsperspektive anstelle der durchschnittlichen Arbeitszeit der Qualifikationsstand der Mitarbeiter überwacht werden. Das Leistungsangebot ist möglicherweise so komplex geworden, dass es nicht mehr durch eine Kennzahl abzubilden ist. Eventuell ist dann die Kommunikation innerhalb des Unternehmens oder das Wissen über die Kunden wichtiger.

Die Prozessperspektive wird im Laufe der Zeit mehr auf das Leistungsspektrum ausgerichtet. So könnten Entwicklungszeiten, die Präsenz auf Messen und Kongressen, Fehlerquoten, neue Funktionalitäten usw. eine Rolle spielen. In dieser Perspektive wird sich die strategische Ausrichtung des Unternehmens immer mehr spiegeln.

Die Kundenperspektive wird sich vermutlich am wenigsten ändern. Hier ist auch im Vergleich verschiedener Unternehmen untereinander am meisten Übereinstimmung festzustellen. Wächst die Zahl der Kunden deutlich, kommen zum Beispiel auch Strukturkennzahlen infrage (Anteil Großkunden, Anteil Neukunden, Branchenanteile usw.)

Aus der Finanzperspektive werden die auf die Situation als Einzelunternehmen ausgerichteten verschwinden. Sollte das Unternehmen in eine Kapitalgesellschaft umgewandelt werden, könnte eine Kapitalrenditegröße eingeführt werden. Ebenso könnte der Personalkostenanteil relevant sein. In dieser Branche spielt dann etwa auch der Anteil freier/fester Mitarbeiter eine Rolle mit entsprechenden Auswirkungen auf die Kostensituation.

4.3 Praxisfragen bei der Scorecard-Erstellung

In diesem Abschnitt wird eine Reihe von Fragen angesprochen, die immer wieder bei der praktischen Umsetzung auftreten. Sie können sie als kleines Erste-Hilfe-Päckchen nutzen.

4.3.1 Sind die Kennzahlen den Perspektiven immer eindeutig zuzuordnen?

Einige Kennzahlen sind immer eindeutig einer Perspektive zuzuordnen, andere nicht. Dabei ist entscheidend, mit welcher Absicht sie in die Balanced Scorecard aufgenommen werden. Ob sie in der „richtigen" Perspektive eingesetzt werden, ergibt sich immer beim Kausalitätstest. Stellt sich heraus, dass eine Kennzahl nicht in eine kausale Abfolge von Kennzahlen eingebunden ist, dann kann sie prinzipiell ungeeignet oder eben in der falschen Perspektive enthalten sein.

Beispiele finden sich häufig im Zusammenhang mit der Kundenorientierung. So lassen sich oftmals Marketingkennzahlen in der Kundenperspektive und bei den internen Prozessen unterbringen. Grundsätzlich ist Marketing zwar ein interner Prozess, wenn es aber sehr kundenspezifisch ausgerichtet wird, kann es auch zur Kundenperspektive gezählt werden. Dies ist etwa bei Themen wie Kundenkontakten durch Werbung oder Außendienst der Fall.

Haben Sie Mut zu neuen Kennzahlen!

Bei neuen und kreativen Problemstellungen müssen oftmals Kennzahlen definiert werden, die vorher noch nicht bekannt waren, einfach, weil es das ganze Thema noch nicht gab. Dies ist aber keineswegs ein Manko, eher im Gegenteil. Aus Sicht der Wettbewerbsorientierung ist es sogar sinnvoll, auch neue Strategien, Entscheidungen und Maßnahmen in neue Steuerungsgrößen zu packen. Dass damit vielleicht Zweifel an der operationalen Umsetzung entstehen könnten, darf nicht abschrecken. Definieren Sie so, wie es Ihnen sinnvoll erscheint. Kommt es am Ende zu kleineren Ungenauigkeiten, weil die Datenqualität nicht ausreichend war, ist dies eher zu verkraften, als dass die Kreativität der Strategie durch eine Allerweltskennzahl verwässert wird.

Ähnlich kann sich die Profitabilität von Kunden sowohl in der Kunden- als auch in der Finanzperspektive finden. Steht die Frage im Vordergrund, möglichst profitable Kunden überhaupt erst zu beliefern, dann ist die Kundenperspektive richtig. Wenn es jedoch um die erzielten Deckungsbeiträge geht, ist es die Finanzperspektive.

4.3.2 Lassen sich die Kennzahlen der Scorecard während der Einsatzzeit einfach austauschen?

Ja und nein. Grundsätzlich muss eine Scorecard immer ziel- und strategieorientiert und in sich stimmig sein. Deswegen kommt es immer wieder zu Anpassungen an die Unternehmenssituation. Man muss aber bedenken, welche Konsequenzen sich aus einer Umstellung ergeben.

Für die Ermittlung der Daten und die Überwachung der Einhaltung sind einzelne Mitarbeiter verantwortlich. Sie müssen entsprechend vorbereitet werden, möglicherweise sind neue Datenquellen zu erschließen.

Des weiteren muss die Kausalität getestet werden. Eine neue Kennzahl muss sich problemlos in die bestehende Logik einfügen, d.h. eine Kennzahl auf der nächsten Ebene erklären helfen.

Manche Kennzahlen werden auch im Rahmen von Anreizsystemen verwendet, d.h. die Entlohnung eines Mitarbeiters ist von der Zielerreichung abhängig. Der oder die Betroffenen müssen die Möglichkeit haben, ihre Arbeit ggf. neu auszurichten. Zudem ist mit Widerständen zu rechnen. Nicht auszuschließen ist auch der Fall, dass die neue Kennzahl gar nicht mehr als Bemessungsgrundlage geeignet ist. Dies führt dann zu Störungen im Anreizsystem insgesamt.

4.3.3 Welche Mitarbeiter sollen in die Scorecard-Entwicklung einbezogen werden?

Das kommt auf die Phase an. Es gibt Situationen, in denen ein möglichst umfangreicher und kreativer Input erwünscht, während in anderen ein möglichst zügiges und geradliniges Vorgehen erstrebenswert ist. Wenn es also um die Analyse der Unternehmenssituation oder die Sammlung von Kennzahlenideen geht, dann sollten alle relevanten Funktionsbereiche und auch mehrere Ebenen abgedeckt werden. Bei der Einführung der Scorecard muss dagegen effizient und stringent gearbeitet werden. Dann ist die Zahl der involvierten Personen möglichst gering zu halten.

Bei den eher explorativen Tätigkeiten zeigt sich immer wieder, dass ein erhebliches Maß an Betriebsblindheit herrscht. Ziele und Maßnahmen werden nicht automatisch kritisch hinterfragt. Daher sollte auf die Beteiligung von nicht direkt Betroffenen Wert gelegt werden. Dabei kann es sich um Externe handeln, aber auch um Mitarbeiter aus anderen Unternehmensbereichen. Sie stellen schneller fest, wenn „etwas nicht stimmt".

4.3.4 Was kann man tun, wenn die Umsetzung der Scorecard ins Stocken gerät?

Prinzipiell ist das kein Grund zur Unruhe, denn das passiert immer wieder mal. Da in verschiedenste Arbeitsbereiche eingegriffen wird, sind ein gewisser Umsetzungswiderstand und Erfassungsprobleme als normal zu betrachten.

Wichtig ist zunächst einmal, dass eine Person für die Probleme verantwortlich ist (Projektleiter, Geschäftsführung usw.). Diese Verantwortlichkeit muss von vornherein klar sein; ein Projektleiter muss mit ausreichenden Befugnissen ausgestattet sein, um etwas „Dampf machen" zu können.

Vor allem muss die Ursache des Stockens ausgemacht werden. Technische Probleme wie die Verfügbarkeit von Daten oder Transferprobleme werden oft nur vorgeschoben. Viel häufiger möchten einzelne Betroffene verhindern, überwacht zu werden oder zusätzliche Arbeit zu haben. Man sollte daher Kontakt zu den Personen suchen und nach möglichen Problemen fragen. Vielfach hilft es schon, wenn festgestellt wird, dass sich wirklich jemand um das Projekt kümmert und der eigene Anteil daran bemerkt bzw. vermisst wird.

Mitunter lässt die Unterstützung der Geschäftsführung nach, was zu der Einschätzung führen kann, das Projekt sei ohnehin gestorben. Hier muss die Projektleitung für eine dauerhafte Unterstützung sorgen und wichtige Personen in Projektschritte einbinden. Diese müssen auch der Projektleitung den Rücken stärken.

Je nach Umfang der Umsetzungshemmnisse sollte auch der Projektplan geändert werden. Ein allzu leichtfertiges Verschieben von Terminen führt leicht zu einer Taktik des kontinuierlichen Aufschiebens. Bleibt man zu starr am alten Plan, summieren sich jedoch die Abweichungen, so dass der Überblick verloren geht.

4.3.5 Wir kommen auf weit mehr als vier Perspektiven – was sollen wir tun?

So etwas passiert immer wieder, wenn man versucht, möglichst das ganze Geschäft in allen Details abzubilden. Um nichts zu vergessen, wird eben an- oder dazwischen gebaut. Manchmal ist dies notwendig, wenn die Perspektive eine andere Art von Akteuren abbilden muss. Häufig betroffen sind Unternehmen, die mit Händlern, Vermittlern oder Zulieferern zusammenarbeiten müssen.

Um die Geschäftstätigkeit innerhalb des Unternehmens abzubilden, sind mehr als vier Perspektiven nur ganz selten notwendig. Es gibt meist Möglichkeiten, Steuerungsgrößen in einer Perspektive zusammenzufassen. Notfalls sollte lieber die Anzahl der Größen erhöht werden (z.B. auf sechs oder sieben), anstatt eine zusätzliche Perspektive einzuführen. Diese schafft nämlich in erster Linie zusätzliche Komplexität.

Werden die Kennzahlen der aufzulösenden Perspektive in die „zuständige" andere Perspektive aufgenommen, dann stellt sich bei der Anfertigung des Kausalitätsdiagramms heraus, welche überflüssig, d.h. redundant oder nicht aussagefähig sind. Diese können dann gestrichen werden.

4.3.6 Wie erkennt man überflüssige Kennzahlen in der Scorecard?

Dies geschieht durch die Anfertigung eines Kausaldiagramms, das die Beziehungen zwischen den Kennzahlen abbildet. Stellt sich heraus, dass die Pfeile bei zwei Kennzahlen parallel verlaufen, d.h. immer wieder die gleichen Größen auf sie einwirken und die Kennzahlen ihrerseits auf die gleichen wirken, dann messen beide Kennzahlen mehr oder weniger das Gleiche. Eine davon sollte daher gestrichen werden, sie bringt keinen zusätzlichen Erkenntnisgewinn.

Ebenso überflüssig sind Kennzahlen, auf die kein Pfeil verweist bzw. von denen auch keine Wirkungen ausgehen. Diese Kennzahlen können gestrichen werden, ohne dass dies jemandem auffällt. Sie verursachen nur Aufwand. Tückisch ist, dass die Größen an sich durchaus „passend" sein können, also typische Gegebenheiten des Geschäfts betreffen. Deren Einfluss auf die Unternehmensziele muss aber nicht unbedingt hoch sein. Manchmal wird dies den Verantwortlichen erst im Rahmen der Scorecard-Entwicklung bewusst.

5 Einbindung der Balanced Scorecard in Anreizsysteme

Ob eine Balanced Scorecard erfolgreich umgesetzt werden kann, hängt u. a. davon ab, wie weit sich die Entscheidungsträger und Mitarbeiter an den Zielgrößen orientieren. Dies kann allein schon durch die Einsicht geschehen, dass es sinnvoll ist, sich so zu verhalten. Nur: Glauben wir wirklich daran? Vor allem, wenn es schwieriger wird, die Ziele ambitionierter sind, gegen lang praktizierte Gewohnheiten angekämpft werden muss?

Weil dies nicht der Fall ist, muss man sich Gedanken über Anreize machen, die an die Zielerreichung gebunden werden. Die Einbindung der Scorecard in Anreizsysteme ist daher zu einem Standard geworden. Gelingt es, die Entlohnung an die Zielerreichung zu koppeln und dabei das Prinzip der Ausgewogenheit nicht zu verletzen, dann lässt sich die Umsetzung der Scorecard wesentlich erleichtern.

Dabei ist allerdings zu berücksichtigen, dass wir uns nur über den variablen Anteil der Entlohnung unterhalten. Nach allgemeinen Faustformeln soll der variable Anteil in der Größenordnung von 15–30 % vom Gesamtentgelt liegen. Bei deutlicher Zielverfehlung sollen auch wirklich 0 % Zulage gezahlt werden, bei „normaler“ Zielerreichung rund 15 % und bei deutlicher Übererfüllung etwa das Doppelte davon. Dass dafür nicht 16 Kennzahlen zugrunde gelegt werden können, liegt auf der Hand. Die einzelne Zielgröße wäre dabei zu unbedeutend. Eine Auswahl geeigneter Ziele ist erforderlich.

Ein Anreizsystem muss grundsätzlich die folgenden Voraussetzungen erfüllen:

a) Gerechtigkeit

Anreizsysteme müssen gerecht sein im Hinblick auf:

Anforderungen – Sie müssen so gestaltet sein, dass sie sich proportional zu den Anforderungen verhalten. Hohe Anforderungen müssen immer mit hohen Anreizen einhergehen. Ansonsten käme es zu einer Fehlallokation von Arbeitnehmerfähigkeiten. Hohen Anforderungen würde man dann weitgehend aus dem Weg gehen, sofern nicht mit hohen Tantiemen und Provisionen zu rechnen ist. Denken Sie z.B. an die Anforderungen an den Außendienst in unserem Beispiel des Gebäudedienstleisters.

Leistungen – Das Anreizniveau muss mit dem Leistungsniveau übereinstimmen. Sie sind letztlich nur dann wirksam, wenn eine Leistungssteigerung zu steigender Belohnung führt bzw. an unterschiedlichen Stellen gleichermaßen prämiert wird.

Soziale Aspekte – Anreize müssen ein soziales Gewissen haben, indem beispielsweise ein gewisses Einkommensminimum garantiert wird und auch eine Vergleichbarkeit der Einkünfte im Team gewährleistet ist. Im o.g. Beispiel wäre damit ausgeschlossen, die Entgeltzahlung erheblich zu beschränken, wenn die Abrechnungsfehler ein bestimmtes Niveau überschreiten. Die Folgekosten können durchaus so hoch sein, dass die Geschäftsführung am liebsten Schadensersatz verlangen würde, was natürlich nicht durchführbar wäre.

b) Anziehungskraft für Mitarbeiter

Anreize sollen hochklassige Führungskräfte und Mitarbeiter anziehen und binden, ungeeignete Führungskräfte und Mitarbeiter allerdings abschrecken oder gar vertreiben. Gerade der zweite Aspekt wird nie in den Vordergrund gestellt, doch ist dies mehr als ein Nebenaspekt. Werden die Anreize stark auf verkäuferische Aktivitäten ausgerichtet, werden eher zurückhaltende Menschen aufgrund ihres geringeren Einkommens tendenziell nach anderen Tätigkeiten suchen.

c) Lenkungsfunktion

Anreize sollen Arbeitsaufwand und -zeit bei Führungskräften und Mitarbeitern im Sinne der Unternehmensziele lenken. Sie sollen durch entsprechende inhaltliche Ausrichtung (z.B. Qualität, Kunden, Wert) verhindern, dass Ressourcen für Nebenschauplätze verschwendet werden. Vor allem können solche Ziele in den Mittelpunkt gestellt werden, über die die Mitarbeiter sonst nicht ihre persönlichen Interessen definieren. So mag den Führungskräften die Kundenbindung gleichgültig sein, wenn stattdessen die Neukundenquote stimmt, also überhaupt Umsätze erzielt und Tantiemen ausgeschüttet werden. Für das Unternehmen insgesamt ist aber die Kundenbindung von Bedeutung, weil sich daraus auch Cross-Selling-Potenziale ergeben. Insofern lohnt es sich, einen Anreiz auf die Kundenbindung zu beziehen.

Besonders interessant ist die Option, je nach Anforderung (festgestellter Abweichung in der Scorecard) das Anreizsystem so anzupassen, dass das Hauptaugenmerk auf die aktuelle Schwachstelle gelegt wird. Dem steht allerdings die Überlegung entgegen, dass Anreize nur wirken, wenn die Betroffenen genügend Zeit haben, sich auf sie einzustellen und sich auch auf sie verlassen können. Insofern ist zwischen Stabilität und Flexibilität abzuwägen.

Prüfen Sie rechtliche Beschränkungen rechtzeitig

Bislang wurde davon ausgegangen, dass die Unternehmensleitung Anreize frei bestimmen kann. Dies ist im außertariflichen Bereich auch meist der Fall. Mitarbeitern aus dem Tarifbereich können aber keine neuen Anreizsysteme „einfach so" vorgesetzt werden. Dabei sind zunächst die tariflichen Entgelte zu berücksichtigen, vor allem aber ist ggf. die Zustimmung des Betriebsrats erforderlich. Probleme sind gerade dann vorprogrammiert, wenn vorhandene Anreizsysteme, die weniger leistungsorientiert sind, abgelöst werden sollen. Hier sind rechtzeitige Absprachen dringend zu empfehlen.

Aus den insgesamt zur Verfügung stehenden Kriterien für die Bemessung der variablen Vergütung müssen nun nach folgenden Kriterien die entscheidenden ausgewählt werden:

- Der Einfluss eines Kriteriums muss deutlich gespürt werden. Die Höchstzahl der berücksichtigten Komponenten dürfte daher bei etwa drei liegen. Jedes Kriterium könnte damit auf rund 5 % Einfluss kommen.
- Der Erfolg bei den ausgewählten Zielgrößen muss vom Betroffenen beeinflusst werden können. Sie müssen also dem Verantwortungsbereich entsprechen und sich durch entsprechende Handlungen signifikant beeinflussen lassen.
- Idealerweise sollten sowohl qualitative als auch quantitative Zielgrößen verwendet werden. Dies verhindert eine eindeutige Orientierung an Geldgrößen, was zwar leicht ist, aber nicht unbedingt ursachengerecht.
- Neben kurzfristig relevanten sollten auch längerfristig angelegte Zielgrößen einbezogen werden. Dies verhindert eine manipulative Verhaltensweise, bei der eine Kennzahl

durch massiven Einsatz hochgedrückt wird, während längerfristig Schaden entsteht (... mit dem sich dann aber der Stellennachfolger herumschlagen darf).

- Die Komponenten müssen auf jeden Fall transparent und objektiv nachprüfbar sein. Eine Größe wie die Kapitalrendite ist in Familienbetrieben schon problematisch, wenn kein Zugang zur Bilanz vorhanden ist. Das Image eignet sich trotz der geschäftlichen Bedeutung ebenso wenig, weil ggf. eine heftige Diskussion über vermeintliche Erhebungsfehler entsteht, wenn das Ergebnis nicht den Erwartungen entspricht.

Geben Sie Auswahlmöglichkeiten

Mitunter kann es sinnvoll sein, die Mitarbeiter ihre Anreizkomponenten auswählen zu lassen. So könnten z.B. in gewissen Kategorien mehrere Kennzahlen als Bemessungsgrundlage zur Verfügung gestellt werden, aus denen eine Auswahl zu treffen ist. Natürlich ist darauf zu achten, dass nicht nur eigene finanzielle, sondern die Unternehmensinteressen beachtet werden. Die Motivationswirkung dieser Vorgehensweise ist aber nicht zu unterschätzen!

Als Beispiel kommen wir noch einmal auf die Scorecard des Gebäudedienstleisters (Tab. 12) zurück. Hieraus lässt sich beispielsweise die in Tab. 17 gezeigte Prämienmatrix erstellen, die die variablen Vergütungskomponenten für einige Mitarbeiter zusammenfasst.

	Perspektive				
Funktion	**Finanzen**	**Kunden**	**Personal**	**Verwaltung**	**Lernen**
Leitung IT	Kapitalrendite (40%) Anteil interne Kosten (20 %)				Informations-system (40%)
Leitung Verwaltung	Kapitalrendite (40%)			Fehlerquote (40%)	Mitarbeiterzufriedenheit (20%)
Außendienstmitarbeiter	Kunden-DB-Rendite (30 %)	Anteil Fullservice (30%)		Neukunden (40%)	
Geschäftsführung	Kapitalrendite (40%) Umsatzwachstum (40 %)				Mitarbeiterzufriedenheit (20%)
Mitarbeiter Personalverwaltung		Reklamationsquote (30 %)	Ausfallrate (30 %) Personalkosten (40%)		

Tab. 17: *Beispiel einer Prämienmatrix auf Scorecard-Grundlage*

Literatur

Bernhard, M. G.; Hoffschröer, S.: Report Balanced Scorecard, 3. Aufl., Düsseldorf 2003

Hannabarger, Ch.; Buchman, F.; Economy, P.: Balanced Scorecard Strategy For Dummies, Weinheim 2007

Horvath & Partners (Hg.): Balanced Scorecard umsetzen, 4. Aufl., Stuttgart 2007

Kaplan, R. S.; Norton, D. P.: The Balanced Scorecard – Measures that Drive Performance, S. 71–79, in: Harvard Business Review, 1/1992

Kaplan, R. S.; Norton, D. P.: Balanced Scorecard, Stuttgart 1997

Kaplan, R. S.; Norton, D. P.: The Strategy-Focused Organization, Boston 2001

Mooraj, St.; Oyon, D.; Hostettler, D.: The Balanced Scorecard: a Necessary Good or an Unnecessary Evil?, S. 481–491, in: European Management Journal 5/1999

Niven, P. R.: Balanced Scorecard: Arbeitsbuch, 2. Aufl., Weinheim 2009

Olve, N.-G.; Roy, J.; Wetter, M.: Performance Drivers, Chichester u.a. 2000

Peelen, E.; Waalewijn, Ph.; Wijnia, S.: Marketing Balanced Scorecard, Amsterdam 2000

Preißner, A.: Balanced Scorecard in Vertrieb und Marketing, 2. Aufl., München 2002

Preißner, A.: Kundenmanagement leicht gemacht, München 2009

Preißner, A.: Praxiswissen Controlling, 6. Aufl., München 2010

Weber, J.; Radtke, B.; Schäffer, U.: Erfahrungen mit der Balanced Scorecard Revisited, Weinheim 2006

Weber, J.; Schäffer, U.: Einführung der Balanced Scorecard, S. 3–7, in: Controller Magazin 1/2000

Weber, J.; Schäffer, U.: Balanced Scorecard & Controlling, 3. Aufl., Wiesbaden 2000